全国高等职业教育规划教材

SQL Server 2008 数据库应用任务驱动式教程

主编　于晓静　卫振林
参编　李广武

机械工业出版社

本书根据高职高专学生特点和数据库应用岗位要求，以任务驱动方式详细介绍了 SQL Server 2008 数据库管理系统的有关知识。本书以"教学管理系统"为例，将 SQL Server 2008 的有关知识归纳出若干任务，通过完成任务，来学习数据库的有关知识。每个任务包括："任务背景与描述"、"任务实施与拓展"、"知识链接"、"小结"和"习题"。这种项目引导、任务驱动模式，激发了学生学习兴趣，促进了知识水平的提高。

　　本书内容包括：安装 SQL Server 2008，创建和维护数据库，创建和管理表结构，表数据操作，查询数据，T-SQL 程序设计，存储过程和触发器，视图、索引和事务，安全性管理，数据库的备份和恢复，数据之间的转换和设计输出报表。

　　本书结构合理，示例丰富，使用对象广，实用性强，既可作为高职高专学习数据库开发和应用的教材，也可作为本科高等院校学习数据库的参考教材，还可以供学习数据库技术的初学者使用。

　　本书配套授课电子课件，需要的教师可登录 www.cmpedu.com 免费注册、审核通过后下载，或联系编辑索取（QQ：1239258369，电话：010-88379739）。

图书在版编目（CIP）数据

SQL Server 2008 数据库应用任务驱动式教程 / 于晓静，卫振林主编.
—北京：机械工业出版社，2014.9（2018.8 重印）
全国高等职业教育规划教材
ISBN 978-7-111-47810-2

Ⅰ. ①S⋯　Ⅱ. ①于⋯　②卫⋯　Ⅲ. ①关系数据库系统－高等职业教育－教材　Ⅳ. ①TP311.138

中国版本图书馆 CIP 数据核字（2014）第 200205 号

机械工业出版社（北京市百万庄大街 22 号　邮政编码 100037）

责任编辑：鹿　征

责任校对：张艳霞

责任印制：常天培

涿州市京南印刷厂印刷

2018 年 8 月第 1 版・第 3 次印刷

184mm×260mm・12.5 印张・308 千字

4501—6000 册

标准书号：ISBN 978-7-111-47810-2

定价：29.00 元

全国高等职业教育规划教材计算机专业
编委会成员名单

出 版 说 明

《国务院关于加快发展现代职业教育的决定》指出：到 2020 年，形成适应发展需求、产教深度融合、中职高职衔接、职业教育与普通教育相互沟通，体现终身教育理念，具有中国特色、世界水平的现代职业教育体系，推进人才培养模式创新，坚持校企合作、工学结合，强化教学、学习、实训相融合的教育教学活动，推行项目教学、案例教学、工作过程导向教学等教学模式，引导社会力量参与教学过程，共同开发课程和教材等教育资源。机械工业出版社组织全国 60 余所职业院校（其中大部分是示范性院校和骨干院校）的骨干教师共同策划、编写并出版的"全国高等职业教育规划教材"系列丛书，已历经十余年的积淀和发展，今后将更加紧密结合国家职业教育文件精神，致力于建设符合现代职业教育教学需求的教材体系，打造充分适应现代职业教育教学模式的、体现工学结合特点的新型精品化教材。

"全国高等职业教育规划教材"涵盖计算机、电子和机电三个专业，目前在销教材 300 余种，其中"十五""十一五""十二五"累计获奖教材 60 余种，更有 4 种获得国家级精品教材。该系列教材依托于高职高专计算机、电子、机电三个专业编委会，充分体现职业院校教学改革和课程改革的需要，其内容和质量颇受授课教师的认可。

在系列教材策划和编写的过程中，主编院校通过编委会平台充分调研相关院校的专业课程体系，认真讨论课程教学大纲，积极听取相关专家意见，并融合教学中的实践经验，吸收职业教育改革成果，寻求企业合作，针对不同的课程性质采取差异化的编写策略。其中，核心基础课程的教材在保持扎实的理论基础的同时，增加实训和习题以及相关的多媒体配套资源；实践性较强的课程则强调理论与实训紧密结合，采用理实一体的编写模式；涉及实用技术的课程则在教材中引入了最新的知识、技术、工艺和方法，同时重视企业参与，吸纳来自企业的真实案例。此外，根据实际教学的需要对部分课程进行了整合和优化。

归纳起来，本系列教材具有以下特点：

1）围绕培养学生的职业技能这条主线来设计教材的结构、内容和形式。

2）合理安排基础知识和实践知识的比例。基础知识以"必需、够用"为度，强调专业技术应用能力的训练，适当增加实训环节。

3）符合高职学生的学习特点和认知规律。对基本理论和方法的论述容易理解、清晰简洁，多用图表来表达信息；增加相关技术在生产中的应用实例，引导学生主动学习。

4）教材内容紧随技术和经济的发展而更新，及时将新知识、新技术、新工艺和新案例等引入教材。同时注重吸收最新的教学理念，并积极支持新专业的教材建设。

5）注重立体化教材建设。通过主教材、电子教案、配套素材光盘、实训指导和习题及解答等教学资源的有机结合，提高教学服务水平，为高素质技能型人才的培养创造良好的条件。

由于我国高等职业教育改革和发展的速度很快，加之我们的水平和经验有限，因此在教材的编写和出版过程中难免出现问题和疏漏。我们恳请使用这套教材的师生及时向我们反馈质量信息，以利于我们今后不断提高教材的出版质量，为广大师生提供更多、更适用的教材。

机械工业出版社

前　言

　　Microsoft SQL Server 2008 是由微软公司研制和发布的分布式关系型数据库管理系统，它能满足企业级数据访问需求，也是高职高专学生学习数据库技术的理想软件之一。

　　本书根据高职高专学生特点和数据库应用岗位要求，以任务驱动方式详细介绍了 SQL Server 2008 数据库管理系统的有关知识。本书以"教学管理系统"为例，将 SQL Server 2008 的有关知识归纳出若干任务，通过完成任务，来学习数据库的有关知识。每个任务包括"任务背景与描述"、"任务实施与拓展"、"知识链接"、"小结"和"习题"。这种项目引导，任务驱动的学习模式，激发了学生的学习兴趣，促进了知识水平的提高。

　　本书共分为 11 章。

　　第 1 章介绍了安装 SQL Server 2008，SQL Server 2008 常用组件使用，数据库的基本概念等内容。

　　第 2 章介绍了创建和维护数据库，分离和附加数据库等内容。

　　第 3 章介绍了创建和维护数据表，创建和维护约束，创建数据库关系图等内容。

　　第 4 章介绍了添加、修改和删除表数据等内容。

　　第 5 章介绍了使用 T-SQL 查询表数据等内容。

　　第 6 章介绍了使用 T-SQL 程序设计的有关知识。

　　第 7 章介绍了创建和执行存储过程，创建和测试触发器等内容。

　　第 8 章介绍了创建视图、索引和事务的相关知识。

　　第 9 掌介绍了 SQL Server 2008 安全性管理的相关知识。

　　第 10 章介绍了数据库备份和恢复的相关知识。

　　第 11 章介绍了数据的导入导出和设计输出报表等内容。

　　本书由于晓静、卫振林主编，李广武参与了部分内容的编写工作。

　　由于作者水平有限，书中疏漏和不足之处难免，敬请广大师生指正。

编　者

目　录

出版说明

前言

任务 1　安装 SQL Server 2008 1

1.1　任务提出 1

1.1.1　任务背景 1

1.1.2　任务描述 1

1.2　任务实施与拓展 1

1.2.1　安装 SQL Server 2008 1

1.2.2　SQL Server 2008 常用组件使用 11

1.3　知识链接 17

1.3.1　数据库的基本概念 17

1.3.2　SQL Server 2008 安装需求 19

1.4　小结 21

1.5　习题 21

任务 2　创建和维护数据库 22

2.1　任务提出 22

2.1.1　任务背景 22

2.1.2　任务描述 22

2.2　任务实施与拓展 22

2.2.1　创建学生数据库 students 22

2.2.2　查看数据库 students 25

2.2.3　配置数据库选项 26

2.2.4　修改数据库大小 27

2.2.5　分离和附加数据库 students 28

2.2.6　删除数据库 30

2.3　知识链接 31

2.3.1　数据库的物理存储结构 31

2.3.2　系统数据库和示例数据库 32

2.3.3　创建数据库语法 33

2.4　小结 34

2.5　习题 34

任务 3　创建和管理表结构 36

3.1　任务提出 36

　　　3.1.1　任务背景 ·· 36
　　　3.1.2　任务描述 ·· 36
　　3.2　任务实施与拓展 ··· 37
　　　3.2.1　创建表 ·· 37
　　　3.2.2　创建约束 ·· 41
　　　3.2.3　修改表 ·· 48
　　　3.2.4　创建数据库关系图 ·· 49
　　3.3　知识链接 ··· 53
　　　3.3.1　数据表 ·· 53
　　　3.3.2　数据类型 ·· 53
　　　3.3.3　数据完整性 ·· 56
　　　3.3.4　数据库关系图 ·· 58
　　3.4　小结 ··· 59
　　3.5　习题 ··· 59
任务 4　表数据操作 ·· 61
　　4.1　任务提出 ··· 61
　　　4.1.1　任务背景 ·· 61
　　　4.1.2　任务描述 ·· 61
　　4.2　任务实施与拓展 ··· 62
　　　4.2.1　向表中添加数据 ·· 62
　　　4.2.2　修改表中数据 ·· 66
　　　4.2.3　删除表中数据 ·· 67
　　4.3　知识链接 ··· 68
　　　4.3.1　INSERT 添加数据 ·· 68
　　　4.3.2　UPDATE 更改数据 ·· 69
　　　4.3.3　DELETE 删除数据 ·· 69
　　4.4　小结 ··· 70
　　4.5　习题 ··· 70
任务 5　查询数据 ·· 72
　　5.1　任务提出 ··· 72
　　　5.1.1　任务背景 ·· 72
　　　5.1.2　任务描述 ·· 72
　　5.2　任务实施与拓展 ··· 72
　　　5.2.1　使用基本查询语句 ·· 72
　　　5.2.2　使用 WHERE 限制返回的行数 ·· 74
　　　5.2.3　多表查询 ·· 77
　　　5.2.4　使用 ORDER BY 排序 ·· 79
　　　5.2.5　使用 HAVING 与 GROUP BY 分组查询 ·································· 79
　　　5.2.6　使用 TOP N 显示前 N 行 ·· 80

5.2.7 使用 UNION 合并结果集 ··· 81

5.2.8 子查询 ·· 82

5.3 知识链接 ·· 83

5.3.1 基本查询语句语法 ··· 83

5.3.2 使用 WHERE 子句限制返回的行数语法 ·· 84

5.3.3 多表查询语法 ··· 84

5.3.4 使用 ORDER BY 子句排序语法 ··· 85

5.3.5 使用 HAVING 与 GROUP BY 子句分组查询语法 ·· 86

5.3.6 使用 TOP N 子句显示前 N 行语法 ··· 86

5.3.7 使用 UNION 合并子句语法 ·· 87

5.3.8 子查询概述 ··· 87

5.3.9 SELECT 语句结构 ·· 88

5.4 小结 ·· 89

5.5 习题 ·· 89

任务 6   T-SQL 程序设计 ··· 91

6.1 任务提出 ·· 91

6.1.1 任务背景 ··· 91

6.1.2 任务描述 ··· 91

6.2 任务实施与拓展 ·· 91

6.2.1 标识符的使用 ··· 91

6.2.2 变量的使用 ··· 92

6.2.3 函数的使用 ··· 93

6.2.4 运算符和表达式的使用 ··· 95

6.2.5 T-SQL 流程控制语言的使用 ··· 95

6.2.6 批处理的使用 ··· 97

6.2.7 EXEC、WAITFOR、RETURN、@@ERROR 和 TRY…CATCH 语句的使用 ·························· 98

6.2.8 注释的使用 ··· 100

6.3 知识链接 ·· 101

6.3.1 SQL 语言组成要素 ··· 101

6.3.2 命名 SQL Server 对象的规则 ·· 102

6.3.3 数据类型 ··· 103

6.3.4 常量和变量 ··· 103

6.3.5 函数 ··· 105

6.3.6 运算符和表达式 ··· 106

6.3.7 通配符 ··· 107

6.3.8 流程控制语言 ··· 107

6.3.9 批处理 ··· 109

6.3.10 注释 ·· 110

6.4 小结 ·· 110

6.5　习题 ·· *111*

任务 7　存储过程和触发器 ·· *112*

7.1　任务提出 ·· *112*

　　7.1.1　任务背景 ·· *112*

　　7.1.2　任务描述 ·· *112*

7.2　任务实施与拓展 ·· *112*

　　7.2.1　存储过程的创建 ·· *112*

　　7.2.2　触发器的创建 ·· **114**

7.3　知识链接 ··· *116*

　　7.3.1　存储过程概述 ·· *116*

　　7.3.2　DML 触发器概述 ·· *119*

7.4　小结 ·· *121*

7.5　习题 ·· *122*

任务 8　视图、索引和事务 ··· *123*

8.1　任务提出 ··· *123*

　　8.1.1　任务背景 ·· *123*

　　8.1.2　任务描述 ·· *123*

8.2　任务实施与拓展 ·· *123*

　　8.2.1　视图 ··· *123*

　　8.2.2　索引 ··· *129*

　　8.2.3　事务 ··· *130*

8.3　知识链接 ··· *131*

　　8.3.1　视图 ··· *131*

　　8.3.2　索引 ··· *133*

　　8.3.3　事务 ··· *135*

8.4　小结 ·· *135*

8.5　习题 ·· *136*

任务 9　SQL Server 安全性管理 ·· *137*

9.1　任务的提出 ··· *137*

　　9.1.1　任务背景 ·· *137*

　　9.1.2　任务描述 ·· *137*

9.2　任务的实施 ··· *138*

　　9.2.1　服务器的安全性设置 ·· *138*

　　9.2.2　数据库的安全性设置 ·· *141*

　　9.2.3　数据表的安全性设置 ·· *143*

　　9.2.4　架构 ··· *147*

9.3　知识链接 ··· *149*

　　9.3.1　SQL Server 的安全机制 ·· *149*

　　9.3.2　SQL Server 验证模式 ·· *150*

9.3.3 角色 ··· 152

9.3.4 数据库用户的权限 ··· 154

9.3.5 架构 ··· 154

9.4 小结 ··· 154

9.5 习题 ··· 155

任务 10 数据库的备份和恢复 ··· 156

10.1 任务的提出 ··· 156

10.1.1 任务背景 ··· 156

10.1.2 任务描述 ··· 156

10.2 任务的实施 ··· 156

10.2.1 手动进行完整数据库备份 ································· 156

10.2.2 自动进行完整备份+差异备份+事务日志备份 ··········· 160

10.2.3 数据恢复 ··· 167

10.3 知识链接 ··· 169

10.3.1 备份的定义和作用 ·· 169

10.3.2 备份的类型 ·· 170

10.3.3 恢复模式 ··· 170

10.3.4 使用 T-SQL 进行备份 ····································· 171

10.4 小结 ··· 175

10.5 习题 ··· 175

任务 11 数据之间的转换和设计输出报表 ······························ 176

11.1 任务的提出 ··· 176

11.1.1 任务背景 ··· 176

11.1.2 任务描述 ··· 176

11.2 任务的实施 ··· 176

11.2.1 将 Excel 数据导入 SQL Server ···························· 176

11.2.2 将 SQL Server 数据导出为 TXT 文件 ······················ 179

11.2.3 设计输出报表 ·· 181

11.3 知识链接 ··· 188

11.3.1 数据转换时需要考虑的问题 ······························ 188

11.3.2 常用数据转换工具 ·· 189

11.4 小结 ··· 189

11.5 习题 ··· 189

参考文献 ··· 190

任务 1   安装 SQL Server 2008

1.1   任务提出

1.1.1   任务背景

目前随着教育管理信息化的不断深入和高校招生规模的不断扩大，传统的人工教学管理方式已不能满足教学管理要求，开发"教学管理系统"，利用计算机进行教学管理已是一种非常普遍的管理方式。在"教学管理系统"中，需要存储学生数据、课程数据和考试成绩数据。并根据实际需要，对上述数据进行处理，如添加、修改、删除和查询等。这些都需要搭建一个 SQL Server 2008 数据库平台环境，为"教学管理系统"开发提供数据库支持。

1.1.2   任务描述

本任务为安装微软公司开发的 SQL Server 2008 数据库管理系统。主要包括如下内容：
● 安装 SQL Server 2008 数据库管理系统。
● 查看系统运行情况。
● 使用系统提供的工具，进行一些简单的操作。

1.2   任务实施与拓展

1.2.1   安装 SQL Server 2008

1．安装准备工作

安装 SQL Server 2008 需要做好一些准备工作——了解计算机的硬件配置和其操作系统情况，并下载相应安装文件。

关于 SQL Server 2008 所必需的软硬件环境要求，这里暂不介绍，在本任务的 1.3.2 节将做较为详细的介绍。本次实施安装的计算机硬件配置及操作系统如下：

CPU 为 Intel Core i5-2520M，主频为 2.5GHz，内存为 2GB，操作系统为 Windows 7 家庭普通版 32 位。

提示：读者右击"计算机"，选择快捷菜单中的"属性"，在打开的属性窗口中即可查到这些信息。如果读者的计算机和上述计算机配置有所不同，请参见 1.3.2 节，查看是否高于最低要求。只要高于最低要求即可安装。

在知道操作系统为 32 位后，即可到网上下载相应的版本。微软的官方网站提供下载资源。本次安装使用的是 SQL Server 2008 R2 版。

提示：下载后的文件需要解压缩。解压缩后，其中有可能包括 X86 和 X64 文件夹。X86 文件夹中存放着 32 位安装文件，X64 文件夹中存放着 64 位安装文件。

2. 开始安装

打开解压缩后的文件夹，如图 1-1 所示。

图 1-1　安装文件夹窗口

1）双击文件夹中的 setup.exe 图标，运行后出现 SQL Server 安装中心的"计划"窗口，如图 1-2 所示。

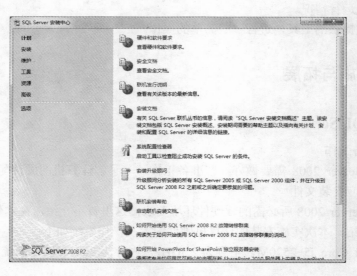

图 1-2　SQL Server 安装中心的"计划"窗口

2）进入 SQL Server 安装中心后跳过"计划"内容，直接选择界面左侧列表中的"安装"，如图 1-3 所示，进入安装列表选择窗口。

3）选择全新安装之后，进入"安装程序支持规则"安装界面，安装程序将自动检测安装环境基本支持情况，需要保证通过所有条件后才能进行下面的安装，如图 1-4 所示。

图 1-3　SQL Server 安装中心的"安装"窗口

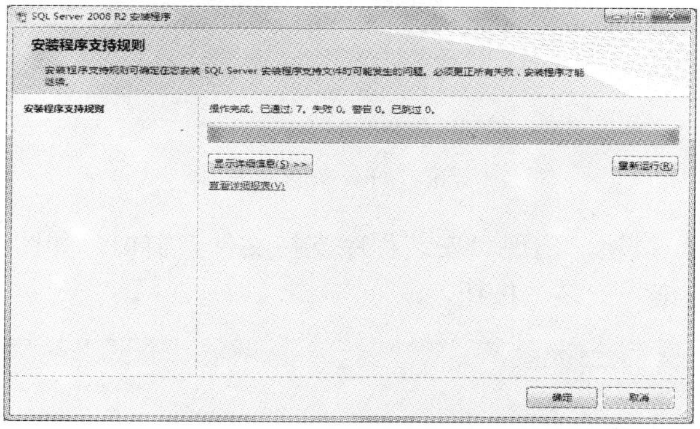

图 1-4　"安装程序支持规则"窗口

4）当完成所有检测后，单击"确定"按钮出现"产品密钥"窗口，如图 1-5 所示。输入选中的 SQL Server 2008 版本号和填写密钥。产品的密钥可以向 Microsoft 官方购买。在获得产品密钥后，可单击"输入产品密钥"单选框，并在下面的文本框中输入密钥。也可以选择评估版 "Evaluation"，可免费试用 180 天。

图 1-5　"产品密钥"窗口

5）单击"下一步"按钮，出现"许可条款"窗口，如图 1-6 所示。选择"我接受条款"单项按钮。

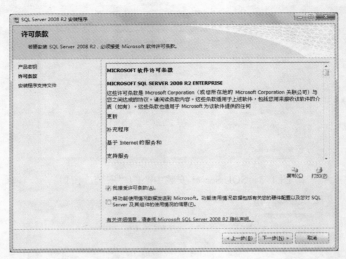

图1-6 "许可条款"窗口

6）单击"下一步"按钮，出现"安装程序支持文件"窗口，如图 1-7 所示。接下来将进行安装支持检查，单击"安装"按钮。

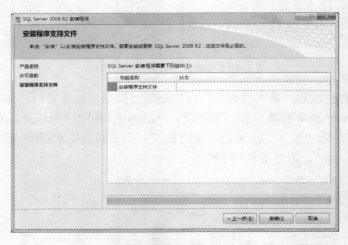

图1-7 "安装程序支持文件"窗口

7）出现"安装程序支持规则"窗口，如图 1-8 所示，在所有检测没有出现错误的情况下，方可继续下面的安装。如果出现错误，需要更正所有错误后才能安装。

提示：如果出现防火墙方面的警告，也建议修改防火墙设置后再行安装。

8）通过"安装程序支持规则"检查之后，单击"下一步"按钮，出现"设置角色"窗口，如图 1-9 所示。这里选择需要安装"SQL Server 功能"。

9）单击"下一步"按钮，出现"功能选择"窗口，如图 1-10 所示。

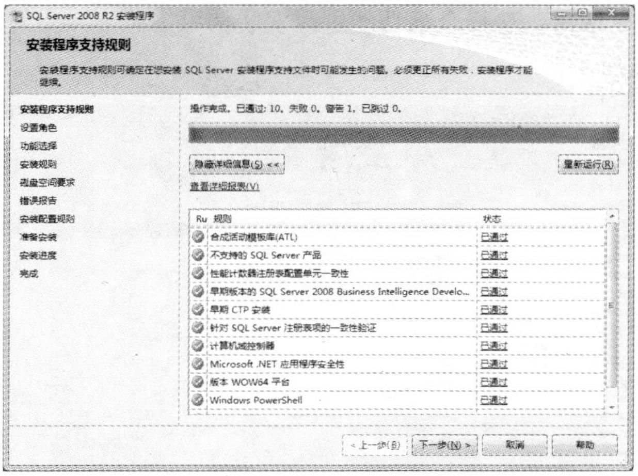

图 1-8 “安装程序支持规则”窗口

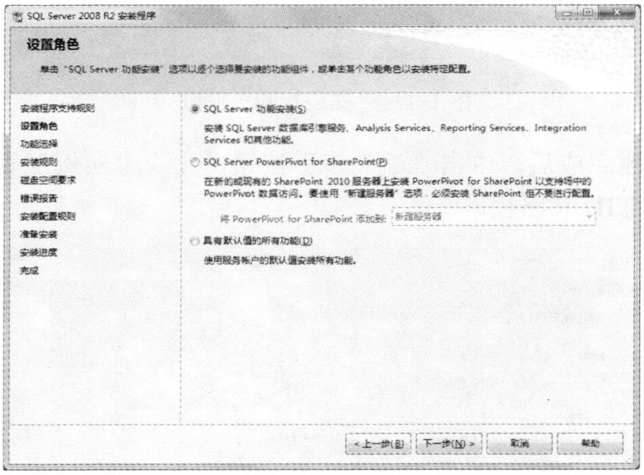

图 1-9 “设置角色”窗口

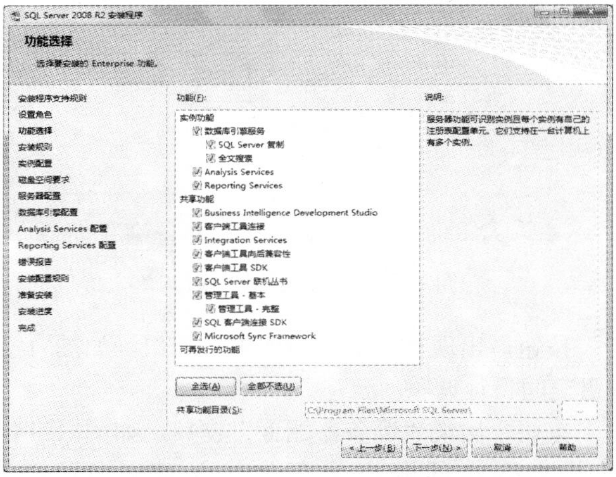

图 1-10 “功能选择”窗口

10）单击"全选"按钮，选择全部功能进行安装。单击"下一步"按钮，出现"安装规则"窗口，如图 1-11 所示。

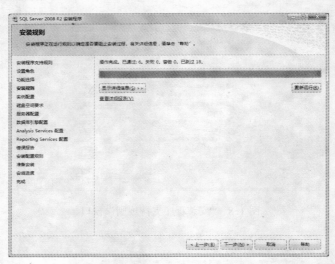

图 1-11 "安装规则"窗口

11）安装规则检测完成后，单击"下一步"按钮，出现"实例配置"窗口，如图 1-12 所示。这里选择默认的 ID 和路径。

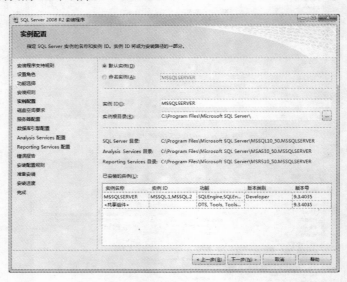

图 1-12 "实例配置"窗口

12）单击"下一步"按钮，出现"磁盘空间要求"窗口，如图 1-13 所示。这里显示磁盘使用情况，可根据磁盘空间自行调整。

13）单击"下一步"按钮，出现"服务器配置"窗口，如图 1-14 所示。在服务器配置中，需要为各种服务指定合法的账户。在此建议对空白的账户名一律选择"NT AUTHRITY/SYSTEM"。这是一个默认系统账户，不需要密码。注意：以后可需要根据用户实际需求做出调整。"排序规则"选项卡中的设置可不做修改。

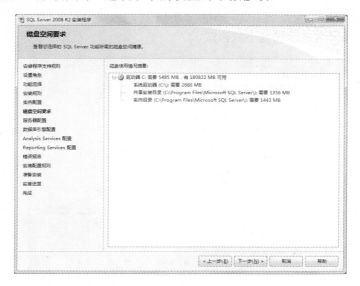

图 1-13 "磁盘空间要求"窗口

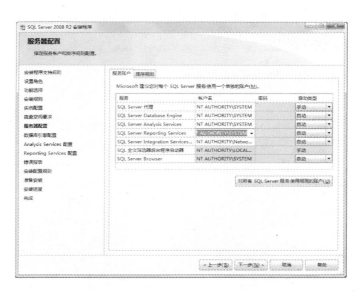

图 1-14 "服务器配置"窗口

14）单击"下一步"按钮，出现"数据库引擎配置"窗口，如图 1-15 所示。"身份验证模式"选择"Windows 身份验证模式"，并为 SQL Server 指定一位管理员。单击"添加当前用户"按钮添加当前 Windows 系统管理员为 SQL Server 管理员。

关于身份验证模式问题，后面有关章节会进行专门讲解，这里不再赘述。建议：在服务器上安装 SQL Server 时，为安全起见应建立独立的用户进行管理。其他选项卡中的设置可不做修改。

15）单击"下一步"按钮，出现"Analysis Services 配置（分析服务配置）"窗口，如

图 1-16 所示。单击"添加当前用户"按钮，仍将 Windows 系统管理员作为 Analysis Services 服务的管理员。建议：在服务器上安装 SQL Server 时，为安全起见应建立独立的用户进行管理。"数据目录"选项卡中的设置不做修改。

图 1-15 "数据库引擎配置"窗口

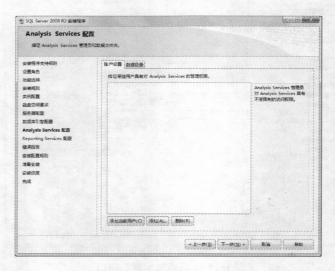

图 1-16 "Analysis Services 配置"窗口

16）单击"下一步"按钮，出现"Reporting Services 配置（报表服务配置）"窗口，如图 1-17 所示。在此选择"安装本机模式默认配置"，用户也可根据需求选择。

17）单击"下一步"按钮，出现"错误报告"窗口，如图 1-18 所示。这里指定是否将安装过程中的错误报告发送给微软。用户可自行选择。

18）单击"下一步"按钮，出现"安装配置规则"窗口，如图 1-19 所示。在此根据功能配置选择再次进行运行环境检查。

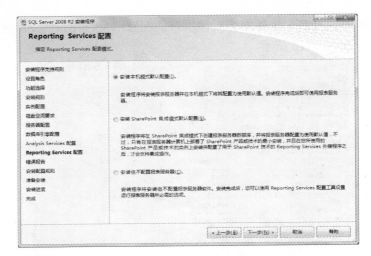

图 1-17 "Reporting Services 配置"窗口

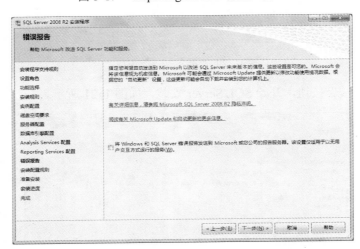

图 1-18 "错误报告"窗口

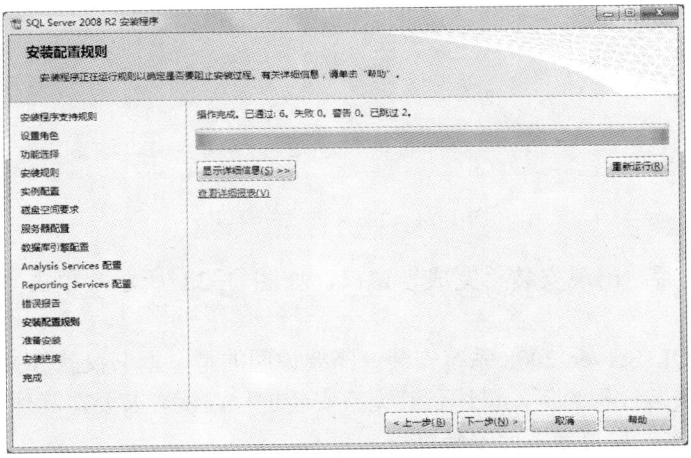

图 1-19 "安装配置规则"窗口

19）当配置检查通过后，软件将会列出所有的配置信息。单击"下一步"按钮，出现"准备安装"窗口，如图 1-20 所示。

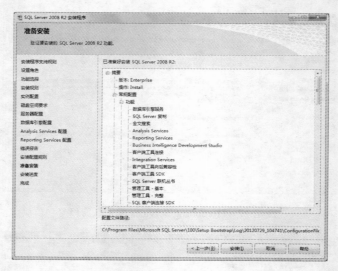

图 1-20 "准备安装"窗口

20）单击"安装"按钮，开始 SQL Server 安装，如图 1-21 所示。

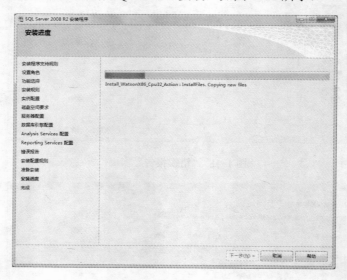

图 1-21 "安装进度"窗口

当安装完成之后，出现安装"完成"窗口，如图 1-22 所示。单击"关闭"按钮完成安装。

至此，完成 SQL Server 2008 系统安装。需要说明的是，本书仅就 SQL Server 2008 R2 版在 Windows 7 安装过程为例，讲述了其完整安装过程。读者若要在其他的 Windows 操作系统中安装其他版本，也可参考此安装过程。

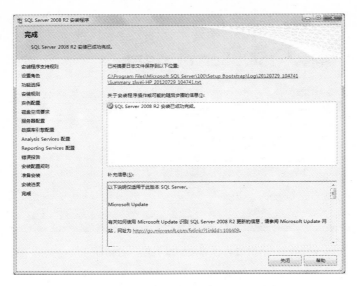

图 1-22 "完成"窗口

1.2.2 SQL Server 2008 常用组件使用

安装完成后，在"开始"菜单中，将鼠标移到"Microsoft SQL Server 2008 R2"，即可看到 Microsoft SQL Server 2008 相关组件，如图 1-23 所示。接下来将启动 SQL Server 2008，并对常用系统组件的功能和操作做初步了解。

图 1-23 "开始"菜单中的 Microsoft SQL Server 2008 相关组件

1. 启动 SQL Server 2008 系统

选择"开始"菜单→"所有程序"→"Microsoft SQL Server 2008 R2"→"SQL Server Management Studio"，启动 SQL Server 管理环境（SSMS）。打开的"连接到服务器"对话框如图 1-24 所示。

图 1-24 "连接到服务器"对话框

提示：一般情况下，可单击"连接"按钮，即可进入 SQL Server 2008 管理环境（SSMS）。在"连接到服务器"对话框中还可以选择服务类型、输入或选择安装的服务器名称以及身份验证模式。

单击"连接"按钮，打开"Microsoft SQL Server Management Studio"窗口（即 SSMS 窗口），如图 1-25 所示。SQL Server Management Studio 是一个集成的环境，用于访问、配置和管理所有 SQL Server 组件。SQL Server Management Studio 组合了大量图形工具和丰富的脚本编辑器，使各种技术水平的开发人员和管理员都能访问 SQL Server。

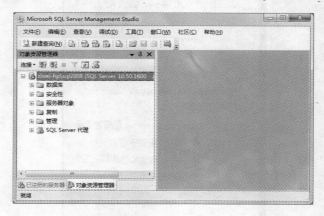

图 1-25 SSMS 窗口

2. SQL Server 2008 常用组件

下面对这些 SQL Server 2008 常用组件做一些简单介绍，以便读者对 SQL Server 2008 的组件及其功能有一个大体的了解。

（1）对象资源管理器

在刚启动的 SSMS 窗口中，默认情况下，左侧窗口为对象资源管理器，以树状结构显示数据库服务器及其中的数据库对象。对象资源管理器是 SQL Server Management Studio 的一个组件，可连接数据库引擎实例、Analysis Services、Integration Services、Reporting Services 和 SQL Server Compact 等服务。

下面以连接 Analysis Services 为例，讲解连接服务的操作方法。

1）单击窗口左上角的"连接"下拉列表，如图 1-26 所示。

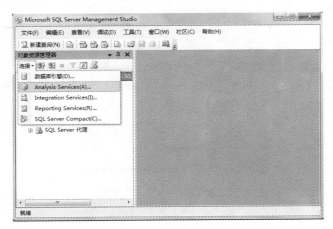

图 1-26　在对象资源管理器中连接服务

2）单击"Analysis Services"选项，出现"连接到服务器"对话框，如图 1-27 所示。注意：其中的服务器类型为 Analysis Services。

图 1-27　"连接到服务器"对话框

3）单击"连接"按钮，发现在 SSMS 窗口的对象资源管理器中，出现了 Analysis Server 对象，如图 1-28 所示。

下面浏览对象资源管理器中的对象资源。单击"数据库"前面的加号，打开"数据库"项，即可看到当前数据库服务器中包含的所有数据库，如图 1-29 所示。其他的对象资源查看方法相同，读者可以自行操作。关于这些对象资源的意义和操作将在后面的章节学习使用。

提示：在对象资源管理器窗口中，可以看到 master、model、msdb 和 tempdb 数据库。它们是系统数据库。关于系统数据库的详细信息，可以参考任务 2。另外，在对象资源管理器窗口中，一般还可看到微软提供的示例数据库，以便学习使用。

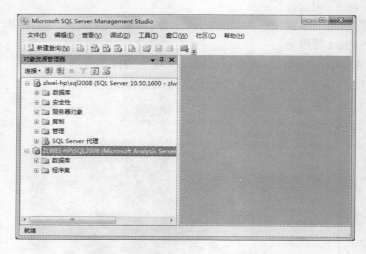

图 1-28 连接到 Analysis Services 服务

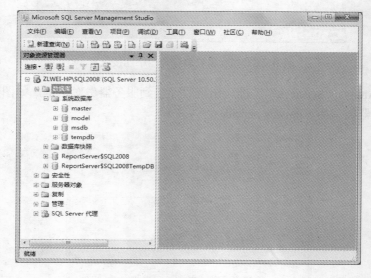

图 1-29 查看数据库信息

（2）查询窗口

在 SSMS 窗口中，可以管理和执行 Transact-SQL（即 T-SQL）语句。T-SQL 是 SQL Server 2008 中使用的脚本语言。下面举一个例子，简单介绍执行语句的操作方法。

1）单击工具栏中的"新建查询"按钮，打开脚本编辑器窗口。此时，系统将自动生成一个脚本标签卡，如图 1-30 所示。

2）在脚本编辑器窗口中单击，在顶部的可用数据库下拉列表框中选择当前脚本应用的数据库，然后在编辑窗口中输入下面的 SQL 语句：

```
USE     master
SELECT  *  FROM  spt_values
```

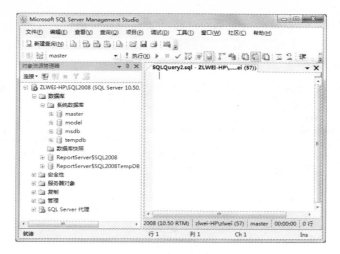

图 1-30　脚本编辑器窗口

3）单击工具栏中的"执行"按钮，在右侧窗口下面即可显示出执行结果，如图 1-31 所示。

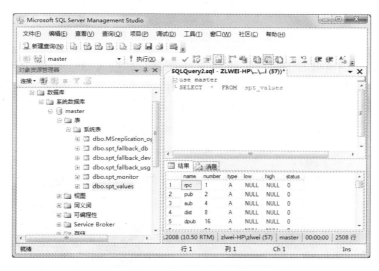

图 1-31　脚本执行后的结果

提示：可以在执行之前，先单击"分析"按钮，检查语法错误。在没有语法错误的情况下，再执行语句脚本。SELECT 语句是最常用的 SQL 语句，spt_values 是 master 数据库中的一个表。USE master 表示打开 master 数据库，SELECT*FROM　spt_values 执行的操作是从 spt_values 表中查询数据。关于 SQL 语句，后面的任务会做详细介绍。

上面介绍了 SSMS 的一些功能，SSMS 还有很多功能，读者会在后面任务的学习中使用到，这里不再赘述。

（3）窗口布局操作技巧

1）打开、隐藏和关闭窗格。

在 SSMS 窗口中，可以打开许多窗口，这些子窗口就是窗格。

① 打开一个窗格。单击"查看"菜单中的"对象资源管理器详细信息"项，在 SSMS 中右边出现该窗格，如图 1-32 所示。

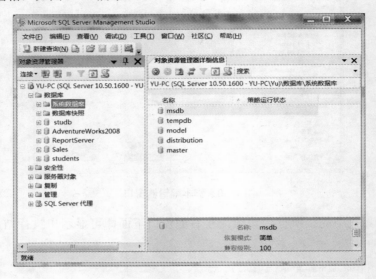

图 1-32 "对象资源管理器详细信息"窗格

② 一般在打开的窗格右上角，排列着 3 个图标，如图 1-33 所示，分别表示窗格的位置、是否自动隐藏和关闭。如果单击自动隐藏图标，图标变成水平位置，窗格会在不使用时自动隐藏，即类似于 QQ 窗口的自动隐藏。否则，其不自动隐藏。

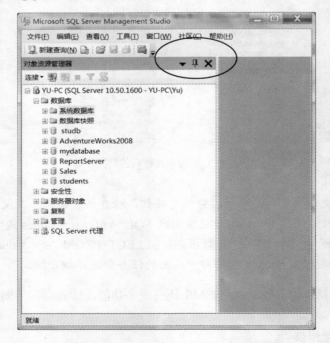

图 1-33 窗格的位置、是否自动隐藏和关闭操作按钮

③ 关闭窗格。单击关闭窗格的图标，即可关闭窗格。

2）移动和停靠窗格。

① 单击"查看"菜单中的"属性窗口"，在 SSMS 窗口中出现属性窗格，如图 1-34 所示。

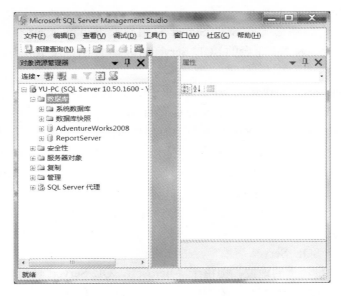

图 1-34　打开"属性窗格"

② 用鼠标按住属性窗格的标题栏不放，可拖动该窗格。

③ 再次用鼠标按住属性窗格的标题栏不放，向右拖动到 SSMS 窗口的右边，鼠标停在右侧停靠标记上，松开鼠标，窗格就停靠在右边。

提示：要使一个窗格可以停靠在窗口的上、下、左、右位置上，可右击窗格的标题栏或选择窗格标题栏上的下三角图标，使"可停靠"被选中，即该项前有对勾。两个窗格可以重叠，此时，若要移动其中一个，可拖动窗格下的标签。

读者可以做些练习，将窗格停靠在不同的位置。

1.3　知识链接

1.3.1　数据库的基本概念

Microsoft SQL Server 2008 是由微软公司研制和发布的分布式关系型数据库管理系统，关系型数据库采用了人们习惯使用的表格形式作为存储结构，表中每一行数据代表一条记录，每一列属性代表一个字段。数据库是数据表的集合。在安装 SQL Server 2008 以前，应该了解 SQL Server 2008 的各个版本功能及其需要的软、硬件配置，并检查计算机的硬件和软件的状况是否满足安装条件。

1. Microsoft SQL Server 2008 系统简介

Microsoft SQL Server 2008 系统可以支持企业、部门以及个人等各种用户完成信息系统、电子商务、决策支持、 商业智能等工作。

Microsoft SQL Server 起源于 Sybase SQL Server。1988 年，由 Sybase 公司、Microsoft 公司和 Asbton-Tate 公司联合开发的， 运行于 OS/2 操作系统上的 SQL Server 诞生。后来，Asbton-Tate 公司退出 SQL Server 的开发，而 Sybase 公司和 Microsoft 公司签署了一项共同开发协议。在 1992 年，两公司将 SQL Server 移植到了 Windows NT 操作系统上。之后，Microsoft 致力于 Windows NT 平台的 SQL Server 开发，而 Sybase 公司则致力于 UNIX 平台的 SQL Server 的开发。

微软公司从 1993 年开始独立为 Windows 平台开发 SQL Server 系统，例如在 1996 年推出的 SQL Server 6.5 版本，在 2000 年 8 月推出的 SQL Server 2000 版本。6.5 版本使 SQL Server 得到了广泛的应用，而 2000 版本在功能和易用性上有了很大的增强，并推出了简体中文版，它包括企业版、标准版、开发版和个人版 4 个版本。2005 年 12 月，微软公司发布了 Microsoft SQL Server 2005 系统。2008 年 8 月，微软公司发布了 SQL Server 2008 系统。

Microsoft SQL Server 目前的最新版本是 2008 版本，该系统在安全性、可用性、易管理性、可扩展性、商业智能等方面有了更多的改进和提高，对企业的数据存储和应用需求提供了更强大的支持和便利。

目前，Microsoft SQL Server 有着广泛的应用市场。著名的 Oracle 数据库系统在大型数据管理应用中占据举足轻重的地位。但由于 Microsoft SQL Server 使用成本较低，Windows 环境中应用程序开发的融合性良好，在 Windows 环境中，有近一半的数据库管理系统选择使用 Microsoft SQL Server，市场占有率远远超出其他公司的相关产品。

2．数据库的基本概念

（1）计算机存储数据 4 个阶段的特点

计算机发明后，人们存储数据的方式有 4 个发展阶段：文件系统阶段、层次模型阶段、网状模型阶段和关系数据库模型阶段。

在 20 世纪 50 年代，出现了文件管理系统，即以文件方式来管理及处理数据。但是，在数据量较大的系统中，数据之间存在这样或那样的联系，如果仍然采用文件系统来管理这些数据，则处理这些数据就会引起很大的麻烦。

层次型数据库模型的优点是数据结构类似金字塔，不同层次之间的关联性直接而且简单；缺点是，由于数据纵向发展，横向关系难以建立，数据可能会重复出现，造成管理维护的不便。

网状数据库模型的优点是避免了数据的重复性；缺点是关联性比较复杂，尤其是当数据库变得越来越大时，关联性的维护会非常麻烦。

关系型数据库采用了人们习惯使用的表格形式作为存储结构，易学易用，因而成为使用最广泛的数据库模型。现在常用的数据库系统产品几乎全是关系型的，包括微软的 SQL Server、Oracle、Sybase 等。另外，还有用于小型数据库管理的 Access、FoxPro、PowerBuild。

（2）关系数据库的基本概念

1）数据。数据（data）是对客观事物的描述符号。数据包括数字、文字、图形、图像和声音等。

2）结构化的数据——表（table）。数据通过结构化处理产生了对人类更有意义的信息。在关系数据库中将数据结构化为二维表的形式，如表 1-1 所示。

表 1-1　客户信息

客 户 编 号	客 户 姓 名	联 系 地 址	联 系 电 话
1	张勇	天津市河东区	13012345678
2	李楠	北京朝阳区	15912345678
3	宋阳	重庆市沙坪坝区	13312345678

在关系型数据库中，数据是以表格形式存储、检索和输出显示的。为今后使用方便，图 1-35 给出了关于表的术语。

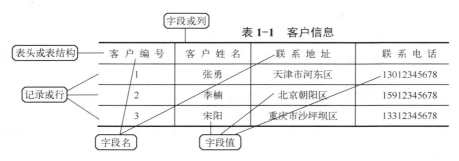

图 1-35　关于表的术语

- 记录（record）：一行数据。
- 字段（column）：一列数据。
- 表结构（table structure）：表的第一行。
- 字段名：一列的名字。
- 字段值：某条记录与某列的交叉点的值。

数据表（简称表，table）是数据的集合。这些数据应具有最小冗余度和合理性。

（3）数据库（database）

数据存放于数据表中，数据表存放在数据库中。一个数据库可以包含多个数据表。数据库以文件（默认的扩展名为.mdf）形式存放在存储介质（如硬盘）中。存放数据实际上是将数据存放在数据库的数据表中。

简单理解，数据库是数据表的集合。实际上，数据表是数据库的核心内容。不过，数据库中还包括了一些用于维护数据的对象。在后面的任务中，读者会学习使用。

（4）数据库管理系统（DataBase Management System）

数据库管理系统是一种系统软件，用以管理、维护数据库中的数据。它提供了一个友好、高效的存取数据的环境（或平台）。Microsoft SQL Server 2008 就是一种数据库管理系统。后续任务就是学习使用这个数据库管理系统中存取和维护数据。

1.3.2　SQL Server 2008 安装需求

在安装 SQL Server 2008 以前，应该了解 SQL Server 2008 的各个版本功能及其需要的软硬件配置，并检查计算机的硬件和软件的状况是否满足安装条件。

1. SQL Server 2008 的版本

SQL Server 2008 的不同版本能够满足企业和个人个性需求。SQL Server 2008 包括如下几个版本。

（1）SQL Server 2008 Enterprise Edition（企业版）

企业版是最全面的 SQL Server 版本。该版本支持 Microsoft SQL Server 2008 系统所有的功能，包括支持 OLTP 系统和 OLAP 系统，例如，支持协服务器功能、数据分区、数据库快照、数据库在线维护、网络存储、故障切换等。

企业版是功能最齐、性能最高的数据库，也是价格最昂贵的数据库系统。

（2）SQL Server 2008 Standard Edition（标准版）

标准版是适合中小型企业的数据管理和分析平台。标准版可以用做一般企业的数据库服务器，它包括电子商务、数据仓库、业务流程等最基本的功能，例如，支持分析服务、集成服务、报表服务等，支持服务器的群集和数据库镜像等功能。

虽然标准版的功能不像企业版的功能那样齐全，但是它所具有的功能已经能够满足普通企业的一般需求。

（3）SQL Server 2008 Workgroup Edition（工作组版）

对于那些需要在大小和用户数量上没有限制的数据库的小型企业，工作组版是理想的数据管理解决方案。Workgroup Edition 可以用做前端 Web 服务器，也可以用于部门或分支机构的运营。它包括 SQL Server 产品系列的核心数据库功能，具有可靠、功能强大且易于管理的特点。

（4）SQL Server 2008 Developer Edition（开发者版）

开发者版使开发人员可以在 SQL Server 上生成任何类型的应用程序。它包括 SQL Server 2008 Enterprise Edition 的所有功能，但有许可限制，只能用于开发和测试系统，而不能用做生产服务器。Developer Edition 是独立软件供应商（ISV）、咨询人员、系统集成商、解决方案供应商以及创建和测试应用程序的企业开发人员的理想选择。

（5）SQL Server 2008 Express Edition（精简版）

SQL Server Express 是一个免费、易用且便于管理的数据库。SQL Server Express 与 Microsoft Visual Studio 2008 集成在一起，可以轻松开发，其特点为功能丰富、存储安全及可快速部署的数据驱动应用程序。SQL Server Express 是低端 ISV、低端服务器用户、创建 Web 应用程序的非专业开发人员以及创建客户端应用程序的编程爱好者的理想选择。

（6）SQL Server Compact Edition（压缩版）

Compact 版是占用空间很小的关系数据库，它是嵌入到移动应用程序中数据库管理系统。

2. SQL Server 2008 安装需求

（1）硬件需求

SQL Server 2008 的硬件需求如表 1-2 所示。

（2）软件需求

SQL Server 2008 每个版本对操作系统的要求都有所不同，SQL Server 安装程序将验证要安装 SQL Server 2008 的计算机是否也满足成功安装所需的所有其他要求。每个版本及其组件安装所需要的操作系统要求请参见 SQL Server 2008 帮助文档。

表 1-2 SQL Server 2008 的硬件需求

部　　件	最 低 要 求
CPU	需要 Pentium III 600 MHz 兼容处理器或更高速度的处理器，建议 1 GHz 或更高
内存	企业版、标准版、开发版和工作站版：至少 512 MB，建议 1 GB 或更大 Express Edition：至少 192 MB，建议 512 MB 或更大
硬盘空间	建议 2GB 或以上
显示器	分辨率至少为 1024×768 像素

1.4　小结

本任务主要讲解了 SQL Server 2008 的安装步骤，对象资源管理器和查询分析器的使用，数据库的基本概念和 SQL Server 2008 版本介绍。

1.5　习题

一、简答题

SQL Server 2008 的版本有哪些？

二、操作题

1．查看安装 SQL Server 2008 软硬件需求。

2．安装 SQL Server 2008。

3．启动、暂停和停止 SQL Server 2008 服务。

4．练习 SQL Server Management Studio 组件的使用。

任务 2   创建和维护数据库

2.1   任务提出

2.1.1   任务背景

数据是存放在数据库中表里的，SQL Server 2008 进行数据管理之前，必须首先创建数据库，然后创建表。SQL Server 将数据库映射为一组操作系统文件。这些文件就是硬盘为数据库对象预先分配的空间。这些硬盘文件至少包括一个数据文件和一个日志文件。为了帮助数据布局和管理任务，数据文件需放到文件组中。

另外，用户在使用过程中，还要根据实际情况对数据库选项进行重新配置，对数据库大小进行更改，要移动数据库时还需要分离和附加数据库，当不再需要用户定义的数据库，还可删除数据库。

2.1.2   任务描述

为了存放"教务管理系统"中的数据，需要创建一个学生数据库 students。另外，还要随时对数据库进行维护。

本任务主要包括如下内容：

- 创建学生数据库 students。
- 查看数据库 students。
- 配置数据库 students 选项。
- 修改数据库 students 大小。
- 分离和附加数据库 students。
- 删除数据库。

2.2   任务实施与拓展

2.2.1   创建学生数据库 students

具体要求如下：

数据库名称为 students，该数据库包括一个数据文件和一个日志文件。数据文件逻辑名称为 students，存放在 primary 文件组里，初始大小为 15MB，文件可自动增长，按 10%增长，最大文件大小为 20MB，文件存放在 C:\mydb 路径下，物理文件名为 students.mdf。日志文件逻辑名称为 students_log，初始大小为 2MB，文件可自动增长，按 1MB 增长，最大文件大小为 10MB，文件存放在 C:\mydb 路径下，物理文件名为 students_log.ldf。

创建数据库可以使用两种方法：一是使用图形界面创建；二是使用 Transact-SQL（简称 T-SQL）代码创建。使用图形界面生成数据库虽然简单，但要想计划生成数据库还需要利用 T-SQL 代码来生成。

1．使用图形界面创建

1）打开 SSMS 窗口，在"对象资源管理器"窗格中展开服务器。

2）右键单击"数据库"，从快捷菜单中选择"新建数据库"命令。

3）在"新建数据库"窗口中，选择"常规"页，在"数据库名称"中输入"students"，如图 2-1 所示。

图 2-1　"新建数据库"对话框

4）在"数据库文件"列表中，包括两行数据，文件类型为"行数据"是数据文件，文件类型为"日志"是日志文件。在"逻辑名称"中，保持默认值。

5）在"初始大小"列中，以 MB 为单位修改数据文件为 15，日志文件为 2。

6）在"自动增长"列中，单击对应的 ⋯ 按钮，打开"更改 students 的自动增长设置"对话框，如图 2-2 所示。

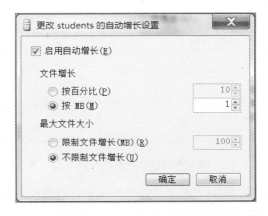

图 2-2　"更改 students 的自动增长设置"对话框

7）选择"启用自动增长"复选框，对"文件增长"和"最大文件大小"进行设置。

8）在"路径"列中，单击对应的 ⋯ 按钮，打开"定位文件夹"窗口，更改数据库文件的存储路径为"C:\mydb"，如图 2-3 所示。

图 2-3　"定位文件夹"窗口

9）在"文件名"列中，输入数据库文件的物理文件名。

10）上述设置结果如图 2-4 所示。

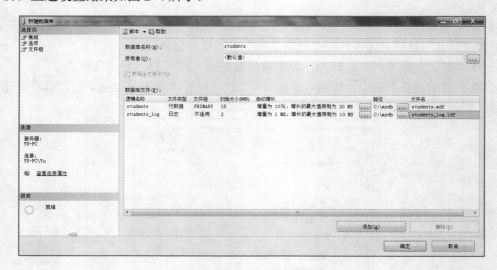

图 2-4　students 数据库设置

11）单击"确定"按钮，关闭"新建数据库"窗口。可在"对象资源管理器"窗格中看到新建的数据库"students"，如图 2-5 所示。

图 2-5 新建的 students 数据库

提示：如果在"对象资源管理器"窗格中看不到 students 数据库，可以右击数据库选择"刷新"。

2．使用 T-SQL 方式创建

先将刚才创建的 students 数据库删除（删除方法见本任务），在代码编辑器窗口中输入下面的 T-SQL 语句（可忽略大小写），并运行。

```
CREATE DATABASE students
ON    PRIMARY
( NAME = students,
FILENAME = 'C:\MYDB\Students.mdf' ,
SIZE = 15MB ,
MAXSIZE =20MB,
FILEGROWTH = 10%)
LOG ON
( NAME = students_log,
FILENAME = 'C:\MYDB\Students_log.ldf' ,
SIZE = 2MB ,
MAXSIZE = 10MB ,
FILEGROWTH = 1MB )
Go
```

2.2.2 查看数据库 students

创建数据库后，可查看数据库的文件和文件组设置。

1）在"对象资源管理器"窗格中，展开"数据库"，右键单击要查看的数据库 students，选择"属性"，打开"数据库属性"窗口。

2）在"选择页"中选择"文件"，查看数据库 students 的文件信息。如图 2-6 所示。

图 2-6　查看 students 数据库文件信息

2.2.3　配置数据库选项

可以为每个数据库设置若干个决定数据库特征的数据库级选项。这些选项对于每个数据库都是唯一的，而且不影响其他数据库。当创建数据库时，这些数据库选项设置为默认值；在使用时，可以使用 SSMS 重新设置上述大多数选项。其他一些选项必须使用 ALTER DATABASE 语句的 SET 子句进行设置。

1）在"对象资源管理器"窗格中，展开"数据库"，右键单击要查看的数据库 students，选择"属性"，打开"数据库属性"窗口。

2）在"数据库属性"对话框中，单击"选项"访问大多数配置设置，如图 2-7 所示。

图 2-7　数据库选项设置

● 排序规则：根据特定语言和区域设置的标准指定对字符串数据进行排序和比较规则。

● 恢复模式：旨在控制事务日志维护。请参阅后面任务 10 的恢复模式概述。

● 兼容级别：设置与指定的 Microsoft SQL Server 早期版本兼容的特定数据库行为。其他选项如下。

① 状态。

● 数据库为只读：指定数据库是否为只读。

● 限制访问：指定哪些用户可以访问该数据库。

② 自动。

● 自动关闭：指定在上一个用户退出后，数据库是否完全关闭并释放资源。

● 自动收缩：指定数据库文件是否可定期收缩。

2.2.4 修改数据库大小

数据库在投入运行中，可根据数据库实际使用情况对原始定义的数据库大小进行更改。太大时可能要收缩，太小时可能要扩大。

1. 扩展数据库

随着招生规模的不断扩大，数据不断增加，数据库 students 现有的文件已满，则可能需要扩展数据库。默认情况下，数据库可根据创建时定义的增长参数自动扩展数据库。但是当数据库超过了规定的限制时，如果还需要扩大，这时我们可以通过手动增加现有数据文件的大小，或向数据库添加新数据文件来扩展数据库。

要增加数据库文件大小，步骤如下：

1）在对象资源管理器中，展开"数据库"，右键单击要扩展的数据库 students，再单击"属性"。

2）在"数据库属性"中，选择"文件"页。

3）增加数据文件为 20MB，最大文件大小为 30 MB，增加日志文件为 3MB，最大文件大小为 15 MB，如图 2-8 所示。

图 2-8　扩大数据库 students

4）如数据文件已将磁盘占满，还可在另一磁盘上添加次要数据文件。方法是单击"添加"按钮，然后输入新文件的值。

5）单击"确定"按钮，完成数据库扩大。

2．收缩数据库

如果设计数据库时设置的容量过大，或删除了数据库中的大量数据，收缩数据库就变得很有必要了。数据和事务日志文件都可以减小（收缩）。可以手动收缩数据库或数据库文件，也可以自动收缩数据库，使其按照指定的间隔自动收缩（自动收缩参考数据库选项设置）。

手动收缩数据库 students 的步骤如下。

1）在对象资源管理器中，右键单击要收缩的数据库 students。依次指向"任务"和"收缩"，再单击"数据库"。

2）选中"在释放未使用的空间前重新组织文件"复选框，输入收缩数据库后数据库文件中剩下的最大可用空间百分比 50%，如图 2-9 所示。

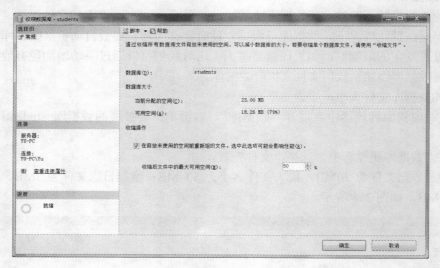

图 2-9　收缩 students 数据库

3）单击"确定"按钮。

4）查看数据库 students 当前大小变小了。

提示：收缩后的数据库不能小于数据库的最小大小，最小大小是在数据库最初创建时指定的大小；也不能将数据库的大小收缩到小于 model 数据库的大小。但是，可以将各个数据库文件收缩得比其初始大小更小。

2.2.5　分离和附加数据库 students

如果想把数据库 students 拿到别的地方，可以分离数据库。分离数据库是指将数据库从 SQL Server 实例中删除，但数据库的数据文件和事务日志文件保持不变。之后，可以使用这些文件将数据库附加到任何 SQL Server 实例，再生成数据库。

1．分离数据库 students

1）在对象资源管理器中，展开"数据库"，选择要分离的用户数据库 students。

2）右键单击数据库 students，指向"任务"，再选择 "分离"。将出现"分离数据库"对话框，如图 2-10 所示。

图 2-10 "分离数据库"对话框

3）在"要分离的数据库"网格中，显示所选数据库的名称。验证这是否为要分离的数据库。

4）分离数据库准备就绪后，单击"确定"按钮。

2. 附加数据库 students

1）在对象资源管理器中，右键单击"数据库"，然后单击"附加"，出现"附加数据库"对话框，如图 2-11 所示。

图 2-11 "附加数据库"对话框

2）在"附加数据库"对话框中，单击"添加"按钮，然后在"定位数据库文件"对话框中选择数据库所在的磁盘驱动器并展开目录树，以查找并选择数据库的 students.mdf 文件，如图 2-12 所示。

图 2-12 定位数据库文件

3）单击"确定"按钮，回到"附加数据库"对话框，添加主数据文件如图 2-13 所示。

图 2-13 添加主数据文件

4）在"附加数据库"对话框中，单击"确定"按钮。

2.2.6 删除数据库

当不再需要用户定义的某数据库时，即可删除该数据库，为有用的数据腾出空间。数据库删除之后，任何数据文件和日志文件都从磁盘中删除。如果不使用以前的备份，则无法检索该数据库。不能删除系统数据库。

删除数据库的操作步骤如下：

1）在对象资源管理器中，展开"数据库"，右键单击要删除的数据库，选择"删除"命令，打开"删除数据库"对话框，如图2-14所示。

图2-14 "删除数据库"对话框

2）确认选择了正确的数据库，再单击"确定"按钮。

2.3 知识链接

2.3.1 数据库的物理存储结构

数据库就是硬盘上的一系列文件，这些文件就是硬盘为数据库对象（表、视图等）预先分配的空间。这些文件具有3种类型：主数据文件、次要数据文件和日志文件。

主数据文件：是数据库的起点，指向数据库中的其他文件。每个数据库都有且只能有一个主数据文件。这个文件存放两种对象：用户对象和系统对象。系统对象必须位于主数据文件中，用户对象可放在主数据文件中，也可放在次要数据文件中。主数据文件的推荐文件扩展名是 .mdf。

次要数据文件：主数据文件所在的硬盘空间用完之后，可以在另一硬盘上生成次要数据文件，次要数据文件可用于将数据分散到多个磁盘上。另外，如果数据库超过了单个Windows 文件的最大大小，可以使用次要数据文件使数据库能继续增长。次要数据文件用于存放不能在主数据文件中存放的用户数据，不能存放系统对象。数据库可以不含有任何次要数据文件，也可含有多个次要数据文件。次要数据文件的推荐文件扩展名是 .ndf。

事务日志文件：事务是一组数据修改命令。事务日志是数据库服务器跟踪操作情况的文件。每个 SQL Server 2008 数据库都具有事务日志，用于记录所有事务以及每个事务对数据库所做的修改。事务日志是数据库的重要组件，如果系统出现故障，则可能需要使用事务日志将数据库恢复到一致状态。每个数据库必须至少有一个事务日志文件，当然也可以有多个。事务日志文件的推荐文件扩展名是 .ldf。

文件组：为便于分配和管理，可以将数据库的数据文件逻辑组织到文件组里。例如，在创建表时，可以分别在 3 个磁盘驱动器上创建 3 个数据文件 Data1.ndf、Data2.ndf 和 Data3.ndf，然后将它们分配给文件组 group1。这样对表中数据的查询将会分散到 3 个磁盘上，从而提高了性能。文件组有以下两种类型。

- 主文件组（PRIMARY）：主文件组包含主数据文件和任何没有明确分配给其他文件组的其他文件。默认情况下，数据文件都放到 PRIMARY 文件组里。
- 用户定义文件组：用户定义文件组是在创建数据库或修改数据库中指定的任何文件组。日志文件不包括在文件组内。日志空间与数据空间分开管理。一个文件不可以是多个文件组的成员。表、索引和大型对象数据可以与指定的文件组相关联。每个数据库中均有一个文件组被指定为默认文件组。默认情况下，PRIMARY 文件组是默认文件组。

2.3.2 系统数据库和示例数据库

安装 SQL Server 2008 后，在实例中默认显示 master、tempdb、model 和 msdb 共 4 个系统数据库，有一个是隐藏的 Resource 数据库记录系统表信息。系统数据库不能删除，否则导致 SQL Server 2008 无法使用。

1．系统数据库

（1）master 数据库

master 数据库记录 SQL Server 系统的所有系统级别信息，是最重要的系统数据库。包括所有的登录信息、系统设置信息。在 SQL Server 2008 中，系统对象不再存储在 master 数据库中，而是存储在 Resource 数据库中。此外，master 数据库还记录了所有其他数据库的存在、数据库文件的位置以及 SQL Server 的初始化信息。因此，如果 master 数据库不可用，则 SQL Server 无法启动。

（2）msdb 数据库

msdb 数据库提供代理服务所需要的数据库。SQL Server 代理使用 msdb 数据库来计划警报和作业，这些代理服务包括代理执行所有自动化任务，以及数据库事务性复制等无人值守任务。SQL Server Management Studio、Service Broker 和数据库邮件等其他功能也使用该数据库。

（3）model 数据库

model 数据库用做 SQL Server 实例上创建数据库的模板。对 model 数据库进行的修改（如数据库大小、排序规则、恢复模式和其他数据库选项）将应用于以后创建的所有数据库。因为每次启动 SQL Server 时都会创建 tempdb 数据库，所以 model 数据库必须始终存在于 SQL Server 系统中。

（4）tempdb

tempdb 是一个临时数据库，保存所有的临时表和临时存储过程，以及其他的临时存储空间的要求。tempdb 数据库由整个系统的所有数据库使用。SQL Server 每次启动时，tempdb 数据库被重新建立。当用户与 SQL Server 断开连接时，其临时表和临时存储过程被自动删除。

（5）Resource 数据库

Resource 数据库一个只读数据库，包含 SQL Server 的系统对象。系统对象在物理上保留在 Resource 数据库中，但在逻辑上显示在每个数据库的 sys 架构中。

2．示例数据库 AdventureWorks2008R2

可以使用示例数据库以及示例来了解数据库引擎的功能，在联机丛书中的代码示例中要用到它。SQL Server 2008 使用的示例数据库是 AdventureWorks2008R2，可以从 Microsoft 网站下载。

2.3.3　创建数据库语法

表 2-1 列出了 T-SQL 参考的语法关系图中使用的约定，并进行了说明。

表 2-1　T-SQL 参考的语法约定

约　　定	用　　于
大写	T-SQL 关键字
[ ]（方括号）	可选语法项。不要键入方括号
[,...n]	指示前面的项可以重复 n 次。各项之间以逗号分隔
[...n]	指示前面的项可以重复 n 次。每一项由空格分隔
；	T-SQL 语句终止符。虽然在此版本的 SQL Server 中大部分语句不需要分号，但将来的版本需要分号
|（竖线）	分隔括号或大括号中的语法项。只能使用其中一项

```
CREATE DATABASE 数据库名称
 ON   PRIMARY
( NAME =逻辑文件名,
 FILENAME = '物理文件名',
 SIZE = 数据文件初始大小,
 MAXSIZE = 数据文件可以自动增长的最大容量或 UNLIMITED,
 FILEGROWTH =文件增长的增量)
 LOG ON
(NAME =逻辑文件名,
 FILENAME = '物理文件名',
 SIZE = 日志文件初始大小 ,
 MAXSIZE = 日主文件可以自动增长的最大容量或 UNLIMITED,
 FILEGROWTH =文件增长的增量)
 GO
```

说明：

1）ON：指定数据库的数据文件和文件组列表。

2）PRIMARY：定义主文件组的数据文件，如果不指定 PRIMARY 参数，则第一个文件为主数据文件。

3）逻辑文件名：用于在 T-SQL 代码中引用数据库。

4）物理文件名：是创建文件时由操作系统使用的路径和文件名。

5）文件初始大小：指定数据库文件的初始大小。如果没有为主文件提供初始大小，则数据库引擎将使用 model 数据库中的主文件的大小。为主文件指定的大小至少应与 model 数据库的主文件大小相同。可以使用千字节（KB）、兆字节（MB）、千兆字节（GB）或吉字节（TB）后缀。默认值为 MB。要指定整数，不要包括小数。

6）文件自动增长的最大容量：指定文件可增大到的最大大小。指定一个整数，不包含小数位。如果不指定 max_size，则文件将不断增长直至磁盘被占满。

7）UNLIMITED：指定文件将增长到磁盘充满。

8）文件增长的增量：每次需要新空间时为文件添加的空间量。如果未在数量后面指定 MB、KB 或%，则默认值为 MB。如果指定%，则增量大小为发生增长时文件大小的指定百分比。如果未指定 FILEGROWTH，则数据文件的默认值为 1 MB，日志文件的默认增长比例为 10%。

2.4 小结

本任务重点介绍了创建数据库和修改数据库的有关内容。

数据库是存放数据库对象的容器，在生成表和视图等数据库对象之前，必须要建立数据库。

数据库由 3 种类型文件组成：主数据文件、次要数据文件和日志文件。主数据文件存放两种对象：用户对象和系统对象，数据库必须要有一个而且只能有一个主数据文件。次要数据文件存放用户对象，数据库可以有也可以没有次要数据文件。日志文件用于恢复数据库的所有日志信息，数据库必须要有至少一个日志文件。为了更好地管理数据，可将数据文件组织在文件组里，文件组有主要文件组和用户定义文件组，主数据文件必须要放在主要文件组里，日志文件没有文件组。

由于数据库的数据比预想的多或少，在使用过程中，我们需要修改数据库大小，可以手动修改，也可自动修改。

数据库如果已确定无用，可删除它，以腾出更多磁盘空间。数据库的保存和移动可通过分离和附加完成。

数据库分成两大类：系统数据库和用户数据库。系统数据库有 master、tempdb、model 和 msdb 4 个系统数据库，有一个是隐藏的 Resource 数据库记录系统表信息。系统数据库不能删除。

2.5 习题

一、简答题

1．数据库文件有哪 3 种类型？哪个类型文件可以没有？其 3 种类型文件扩展名是什么？

2．数据库文件组有哪两种类型？哪个文件组类型可以没有？

3．系统数据库有哪些？它们都有什么作用？SQL Server 2008 示例数据库是什么？

二、操作题

1．用两种方法创建下列示例的数据库（可根据计算机环境，对文件路径进行修改）

```
CREATE DATABASE Sales
ON
( NAME = Sales_dat,
   FILENAME = 'C:\Program Files\Microsoft SQL Server\MSSQL10_50.MSSQLSERVER\MSSQL\
DATA\saledat.mdf',
   SIZE = 10,
   MAXSIZE = 50,
   FILEGROWTH = 5 )
LOG ON
( NAME = Sales_log,
    FILENAME = 'C:\Program Files\Microsoft SQL Server\MSSQL10_50.MSSQLSERVER\MSSQL\
DATA\salelog.ldf',
   SIZE = 5MB,
   MAXSIZE = 25MB,
   FILEGROWTH = 5MB ) ;
GO
```

2．查看 Sales 数据库有哪些文件和文件组？

3．将 Sales 数据文件容量增加 2MB。

4．将 Sales 数据库设置为自动收缩。

5．分离和附加 Sales 数据库。

6．查看系统数据库。

任务 3   创建和管理表结构

3.1   任务提出

3.1.1   任务背景

任务 2 学习了创建数据库，数据库好比家里的柜子，柜子里要划分为许多格子便于衣服的分类存放。在数据库里，也要创建几张表，存放不同类型的数据。

另外，表格创建后，还要考虑限制用户输入的数据，我们不想让用户想输什么就输什么，要把用户输入的数据限制在合理的范围内，即使他输入的数据类型是正确的。比如，考试成绩值应在 0～100 分之间，性别只能输"男"或"女"，两个同学不能共用一个学号，成绩表中不能有学生表中不存在的学号。这些限制，都需要向表中添加约束来实现。

最后，在实际使用中，还要经常对表进行维护，如添加、修改、删除表中字段和约束等。

3.1.2   任务描述

根据对"学生成绩管理系统"的需求分析，该系统需存放 3 类数据：学生信息、课程信息和成绩信息，因此 students 数据库需要创建 3 个表：学生表、课程表和成绩表。下面列出这 3 个表的表结构和字段约束，如表 3-1～表 3-3 所示。

表 3-1   学生表

字 段 名 称	字 段 类 型	为 空 性	约 束
学号	Char(2)	Not null	不能重复
姓名	Char(8)	Not null	
出生日期	smalldatetime	Not null	
性别	Char(2)	Not null	"男"或"女"
家庭地址	Varchar(50)	Not null	
联系电话	Char(15)	null	

表 3-2   课程表

字 段 名 称	字 段 类 型	为 空 性	约 束
课程代码	Char(2)	Not null	不能重复
课程名称	Varchar(30)	Not null	不能重复
课程类型	Char(4)	Not null	默认"考查"
课程学分	float	Not null	
课程学时	smallint	Not null	

表 3-3　成绩表

字 段 名 称	字 段 类 型	为 空 性	约 束
成绩编号	int	Not null	不能重复
学号	Char(2)	Not null	参考学生表学号
课程代码	Char(2)	Not null	参考课程表课程代码
成绩	smallint	null	取值范围 0～100 之间

本任务主要包括如下内容：
- 创建学生表、课程表和成绩表。
- 对字段建立约束。
- 对表进行维护。
- 使用数据库关系图简化表格的维护。

3.2　任务实施与拓展

3.2.1　创建表

若要创建表，必须提供该表的名称以及每个字段（列）的名称和数据类型，指出每个字段是否允许空值，还要对字段取值建立约束。表格可以通过图形化工具生成，也可通过 T-SQL 代码生成。由于图形化方法简单，本任务主要用这种方法生成表，并随后附上 T-SQL 代码。

【例 3-1】　创建"学生表"。

1）打开 SSMS 窗口，在"对象资源管理器"窗格中展开"数据库"，再展开"students"。

2）右击"表"节点，再选择"新建表"命令。

3）单击"列名"第 1 行输入"学号"，在其右边的"数据类型"中选择 char(2)，在其右边的"允许 null 值"选择不能为空。（字符数据类型的长度是字符个数，char(2)表示可以存储两个字符。）

4）单击"列名"下面第 2 行输入"姓名"，在其右边的"数据类型"中选择 char(8)，在其右边的"允许 null 值"选择不能为空。

5）单击"列名"下面第 3 行输入"出生日期"，在其右边的"数据类型"中选择 smalldatetime，在其右边的"允许 null 值"选择不能为空。

6）单击"列名"下面第 4 行输入"性别"，在其右边的"数据类型"中选择 char(2)，在其右边的"允许 null 值"选择不能为空。

7）单击"列名"下面第 5 行输入"家庭地址"，在其右边的"数据类型"中选择 Varchar(50)，在其右边的"允许 null 值"选择不能为空。

8）单击"列名"下面第 6 行输入"联系电话"，在其右边的"数据类型"中选择 Char(15)，在其右边的"允许 null 值"选择可以为空。上述设置见图 3-1 所示。

9）在"文件"菜单上，选择"保存 table_1"。

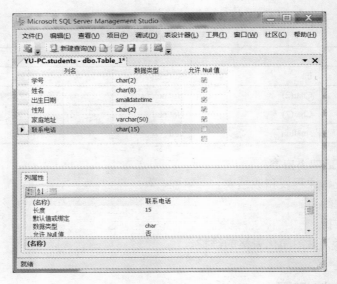

图 3-1 "学生表"建立

10）在"选择名称"对话框中，为该表键入一个名称"学生表"，再单击"确定"按钮，如图 3-2 所示。

图 3-2 "学生表"保存

提示：如果在"对象资源管理器"窗格中看不到"学生表"，可以右击 students 数据库中的表，选择"刷新"。

附：使用 T-SQL 代码创建学生表。

```
USE students
GO
CREATE TABLE  学生表
(
        学号  char(2) NOT NULL,
        姓名  char(8) NOT NULL,
        出生日期  smalldatetime NOT NULL,
        性别  char(2) NOT NULL,
        家庭地址  varchar(50) NOT NULL,
        联系电话  char(15)    NULL
    )
GO
```

【例 3-2】 创建"课程表"。

1）打开 SSMS 窗口，在"对象资源管理器"窗格中展开"数据库"，再展开"students"。

2）右击"表"节点，再单击"新建表"。

3）单击"列名"第 1 行输入"课程代码"，在其右边的"数据类型"中选择 char(2)，在其右边的"允许 null 值"选择不能为空。

4）单击"列名"下面第 2 行输入"课程名称"，其右边的"数据类型"中选择 varchar(30)，在其右边的"允许 null 值"选择不能为空。

5）单击"列名"下面第 3 行输入"课程类型"，其右边的"数据类型"中选择 char(4)，在其右边的"允许 null 值"选择不能为空。

6）单击"列名"下面第 4 行输入"课程学分"，其右边的"数据类型"中选择 float，在其右边的"允许 null 值"选择不能为空。

7）单击"列名"下面第 5 行输入"课程学时"，其右边的"数据类型"中选择 smallint，在其右边的"允许 null 值"选择不能为空。上述设置见图 3-3 所示。

图 3-3 "课程表"建立

8）在"文件"菜单上，选择"保存 table_1"。

9）在"选择名称"对话框中，为该表键入名称"课程表"，再单击"确定"。

附：使用 T-SQL 代码创建课程表。

```
USE    students
GO
CREATE TABLE    课程表
(
        课程代码     char (2) NOT NULL,
        课程名称     varchar (30) NOT NULL,
        课程类型     char (4) NOT NULL,
        课程学分     float    NOT NULL,
```

```
        课程学时     smallint   NOT NULL
    )
```

【例 3-3】 创建"成绩表"。

1）打开 SSMS 窗口，在"对象资源管理器"窗格中展开"数据库"，再展开"students"。

2）右击"表"节点，再单击"新建表"。

3）单击"列名"第 1 行输入"成绩编号"，在其右边的"数据类型"中选择 int，在"允许 null 值"中选择不能为空。

4）单击"列名"下面第 2 行输入"学号"，在其右边的"数据类型"中选择 char(2)，在"允许 null 值"中选择不能为空。

5）单击"列名"下面第 3 行输入"课程代码"，在其右边的"数据类型"中选择 char(2)，在"允许 null 值"中选择不能为空。

6）单击"列名"下面第 4 行输入"成绩"，在其右边的"数据类型"中选择 smallint，在"允许 null 值"中选择可以为空。上述设置见图 3-4 所示。

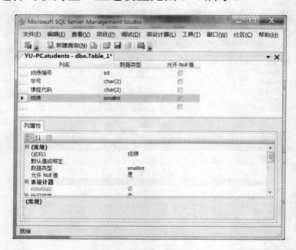

图 3-4 "成绩表"建立

7）在"文件"菜单上，选择"保存 table_1"。

8）在"选择名称"对话框中，为该表键入名称"成绩表"，再单击"确定"。

附：使用 T-SQL 代码创建成绩表。

```
USE   students
GO
CREATE TABLE   成绩表
(
        成绩编号    int   NOT NULL,
        学号      char (2) NOT NULL,
        课程代码     char (2) NOT NULL,
        成绩     smallint    NULL
)
```

3.2.2　创建约束

创建表结构时，对用户输入数据的唯一限制就是数据类型，要对用户进行其他限制就要通过约束进行。例如主键约束、外键约束、默认值约束、CHECK 约束、唯一性约束和标识列约束。

约束可在创建表结构时创建，也可在创建表结构后添加。本任务为创建表结构后添加。

约束可以通过图形化工具生成，也可通过 T-SQL 代码生成。由于图形化方法简单，本任务用图形化工具创建，T-SQL 代码附在其后。

【例 3-4】　创建"学生表"中的约束。

1）打开 SSMS 窗口，在"对象资源管理器"窗格中展开"数据库"，展开"students"，展开"表"。

2）右键单击"学生表"，选择"设计"。

3）右键单击"学号"行选择器，然后选择"设置主键"。此时，学号列建立了主键约束，如图 3-5 所示。

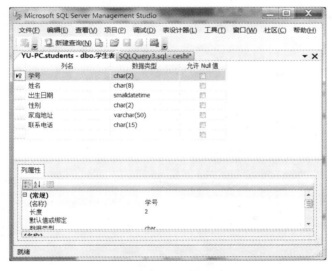

图 3-5　"学生表"主键的添加

4）右键单击"性别"列的行选择器，然后选择"CHECK 约束"，弹出"CHECK 约束"对话框。如图 3-6 所示。

5）单击"添加"按钮，如果希望为约束指定一个不同的名称，请在"标识-名称"框中输入名称。单击"常规"→"表达式"栏目右侧的按钮，弹出"CHECK 约束表达式"对话框，在对话框中输入：性别='男' or　性别='女'，如图 3-7 所示。

6）单击"确定"按钮，返回到 CHECK 约束对话框，如图 3-8 所示。

7）接受默认的约束名称。

8）展开表设计器类别以设置在何时强制约束。

● 若要在创建约束前对现有数据测试约束，请选中"在创建或启用时检查现有数据"。

● 若要每当复制代理对此表执行插入或更新操作时强制约束，请选中"强制用于复制"。

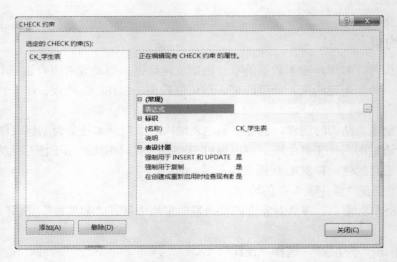

图 3-6　学生表的 CHECK 约束对话框

图 3-7　学生表性别字段的 "CHECK 约束表达式" 对话框

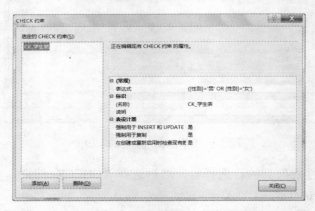

图 3-8　学生表 CHECK 约束设置

- 若要每当在此表中插入或更新行时强制约束，请选中"强制用于 INSERT 和 UPDATE"。

9）单击对话框底部的"关闭"按钮。

10）选择"工具栏"的"保存"按钮。

11）关闭表设计器。

附：使用 T-SQL 代码创建"学生表"约束。

--添加主键约束

ALTER TABLE 学生表　　**ADD　CONSTRAINT　PK_学生表**

PRIMARY KEY CLUSTERED (学号)

GO

--添加 CHECK 约束

ALTER　TABLE 学生表　　**ADD　CONSTRAINT　CK_学生表**

CHECK （性别='男' OR 性别='女'）

GO

【例 3-5】 创建"课程表"中的约束。

1）打开 SSMS 窗口，在"对象资源管理器"窗格中展开"数据库"，展开"students"，展开"表"。

2）右键单击"课程表"，选择"设计"。

3）右键单击"课程代码"行选择器，然后选择"设置主键"。此时，"课程代码"列建立了主键约束，如图 3-9 所示。

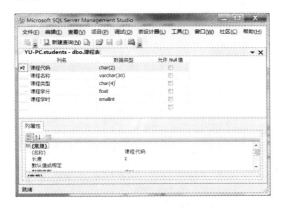

图 3-9　"课程表"主键的添加

4）右键单击"课程名称"行选择器，然后选择"索引/键"。

5）单击"添加"按钮，在"常规"→"类型"中选择下拉菜单"唯一键"。在"常规-列"选择课程名称（升序），如图 3-10 所示。

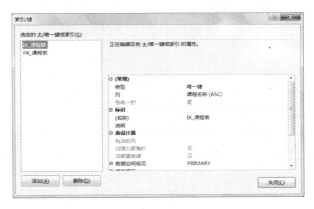

图 3-10　"课程表"唯一键的添加

6）接受默认的约束名称。

7）单击对话框底部的"关闭"按钮。

8）右键单击"课程类型"行选择器，在底部"列属性"中，选择"常规"→"默认值或绑定"，输入'考查'，如图 3-11 所示。

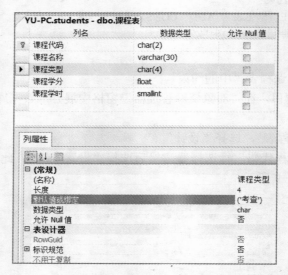

图 3-11 "课程表"默认值的添加

9）选择"工具栏"的"保存"按钮。

10）关闭表设计器。

提示：由于一个表只能有一个主键，要限制课程名称不能重复只能选择唯一性约束。

附：使用 T-SQL 代码创建"课程表"约束。

```
--添加主键约束
USE students
GO
ALTER TABLE 课程表    ADD    CONSTRAINT    PK_课程表
PRIMARY KEY CLUSTERED (课程代码)
GO
--添加唯一键约束
USE students
GO
ALTER TABLE 课程表    ADD    CONSTRAINT    uq_课程表
UNIQUE    NONCLUSTERED
(
        课程代码    ASC
)
GO
--添加默认值约束
USE students
```

GO

ALTER TABLE 课程表 ADD CONSTRAINT DF_课程表_课程类型 DEFAULT ('考查') FOR 课程类型

GO

【例3-6】 创建"成绩表"中的约束。

1）打开 SSMS 窗口，在"对象资源管理器"窗格中展开"数据库"，展开"students"，展开"表"。

2）右键单击"成绩表"，选择"设计"。

3）右键单击"课程代码"行选择器，然后选择"设置主键"，如图 3-12 所示。

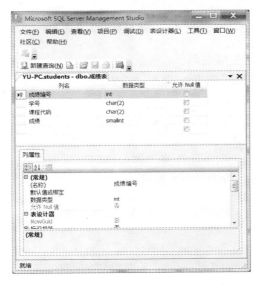

图 3-12 "成绩表"主键的添加

4）右键单击"学号"字段，选择"关系"。

5）选择"添加"生成新的关系。

6）单击"表和列规范"右边按钮，设置属性。

7）在主键表中选择"学生表"，在外键表中默认"成绩表"。

8）在主键表的"学生表"下面选择"学号"作为主键，在外键表的"成绩表"下面选择"学号"作为外键。如图 3-13 所示。

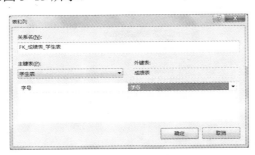

图 3-13 学号外键的设置

9）默认关系名，单击"确定"，回到"外键关系"对话框，如图3-14所示。

图 3-14　学号外键的添加

10）单击"关闭"按钮生成关系。

11）右键单击"课程代码"字段，选择"关系"。

12）选择"添加"生成新的关系。

13）单击"表和列规范"右边按钮，设置属性。

14）在主键表中选择"课程表"，在外键表中默认"成绩表"。

15）在主键表的"课程表"下面选择"课程代码"作为主键，在外键表的"成绩表"下面选择"课程代码"为外键。如图3-15所示。

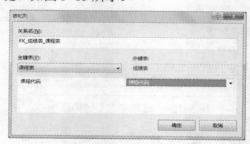

图 3-15　课程代码外键的设置

16）默认关系名，单击"确定"，回到"外键关系"对话框，如图3-16所示。

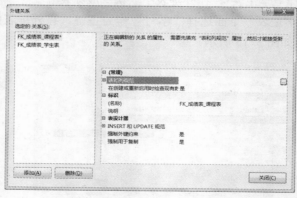

图 3-16　课程代码外键的添加

17）单击"关闭"按钮生成关系。

18）右键单击"成绩"字段，选择"CHECK 约束"。

19）选择"添加"，在右边表达式中输入成绩<=100 and 成绩>=0，如图 3-17 所示。

图 3-17　成绩表 CHECK 约束添加

20）单击"关闭"按钮，完成成绩约束建立。

21）选择"工具栏"的"保存"按钮，完成成绩表约束的建立。

22）关闭成绩表。

附：使用 T-SQL 代码创建成绩表约束。

```
--添加主键约束
USE students
GO
ALTER TABLE 成绩表　ADD　CONSTRAINT　PK_成绩表
PRIMARY KEY CLUSTERED (成绩编号)
GO
--对学号字段添加外键约束
USE students
GO
ALTER TABLE 成绩表　ADD　CONSTRAINT FK_成绩表_学生表
FOREIGN KEY(学号)
REFERENCES 学生表 (学号)
GO
--对课程代码字段添加外键约束
USE students
GO
ALTER TABLE 成绩表　ADD　CONSTRAINT FK_成绩表_课程表
FOREIGN KEY(课程代码)
REFERENCES 课程表 (课程代码)
GO
--向成绩表添加 CHECK 约束
USE students
GO
ALTER TABLE 成绩表　ADD　CONSTRAINT CK_成绩表
```

```
CHECK    (成绩>=0 AND 成绩<=100)
GO
```

3.2.3　修改表

创建表之后，可以更改最初创建表时定义的许多选项。更改操作既可以使用图形化界面完成，也可使用 T-SQL 命令完成。本任务使用图形化界面完成。

1．添加、修改或删除列

（1）添加列

【例 3-7】　在学生表中，在"性别"字段上面添加一列 E_mail，数据类型为 char(20)，可以为空。

1）在对象资源管理器中，展开 students 数据库，展开"表"。

2）右击"学生表"，在快捷菜单中选择"设计"。

3）选择"性别"字段，右击，选择"插入列"，输入列属性，见图 3-18 所示。

图 3-18　插入字段

4）单击"文件"菜单中的"保存学生表"。

5）关闭表设计器。

（2）修改列

【例 3-8】　修改学生表 E_mail 列，将其数据类型改为 char(50)。

1）在对象资源管理器中，展开 students 数据库，展开"表"。

2）右击"学生表"，在快捷菜单中选择"设计"。

3）修改 E_mail 列数据类型为 char(50)。

4）单击"文件"菜单中的"保存学生表"。

（3）删除列

【例 3-9】　删除学生表 E_mail 列。

1）在对象资源管理器中，展开 students 数据库，展开"表"。

2）右击"学生表"，在快捷菜单中选择"设计"。

48

3）选择 E_mail 列，右击，在快捷菜单中选择"删除列"。

4）单击"文件"菜单中的"保存学生表"。

2．添加、修改或删除约束

（1）添加约束

【例3-10】 向课程表添加约束：课程学分>0。

1）在对象资源管理器中，展开 students 数据库。

2）展开"课程表"，展开约束。

3）右击约束，在快捷菜单中选择新建约束。

4）按照前面建立约束方法，建立约束，如图3-19所示。

5）单击"文件"菜单中的"保存课程表"。

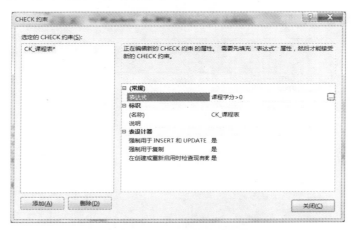

图 3-19　向课程表添加约束

（2）修改约束

【例3-11】 修改刚添加的约束：课程学分>0 且课程学分<4。

1）在对象资源管理器中，展开 students 数据库。

2）展开"课程表"，展开约束。

3）右击，在快捷菜单中选择"修改"。

4）在"CHECK 约束表达式"中输入表达式：课程学分>0　and　课程学分<4 。

5）单击"文件"菜单中的"保存课程表"。

（3）删除约束

【例3-12】 删除刚添加的约束。

1）在"对象资源管理器"中，展开 students 数据库。

2）展开"课程表"，展开约束。

3）右击刚添加的约束，在快捷菜单中选择"删除"。

4）单击"文件"菜单中的"保存课程表"。

3.2.4　创建数据库关系图

【例3-13】 建立数据库关系图 d1。

1）在"对象资源管理器"中，展开"数据库"，再展开"students"。

2）右键单击"数据库关系图"，在快捷菜单上选择"新建数据库关系图"。

3）如果此数据库没有创建关系图所必需的对象，则出现对话框，如图 3-20 所示。单击"是"按钮。

图 3-20　创建数据库关系

4）此时，将显示"添加表"对话框，如图 3-21 所示。

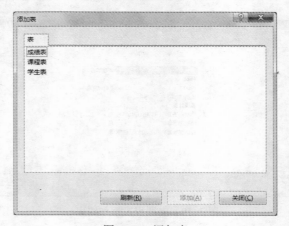

图 3-21　添加表

5）在"表"列表中依次选择"学生表"、"课程表"和"成绩表"，再单击"添加"按钮。

6）单击"关闭"按钮。

7）此时，数据库关系图已经生成和显示。如图 3-22 所示。

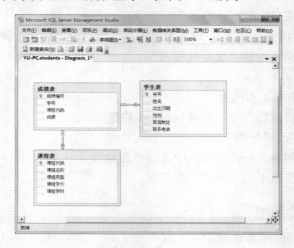

图 3-22　数据库关系图

8）同时选择"学生表"、"课程表"和"成绩表"，单击鼠标右键，在快捷菜单上选择"表视图"，再选择"标准"。表将显示 3 个信息内容："列名"、"数据类型"和"允许 Null值"。如图 3-23 所示。

9）单击工具栏的"保存"按钮，显示"选择名称"对话框，输入关系图名称 d1，如图 3-24 所示。

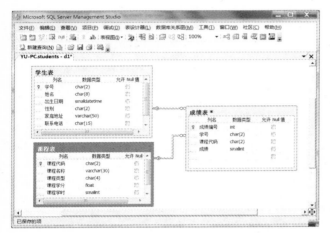

图 3-23　关系图中以标准视图显示表　　　　　　　图 3-24　"选择名称"对话框

【例 3-14】　在数据库关系图中，创建 "成绩表"的外键约束。

先将"学生表"和"成绩表"外键关系删除。右击该关系，选择快捷菜单"从数据库中删除关系"，如图 3-25 所示。

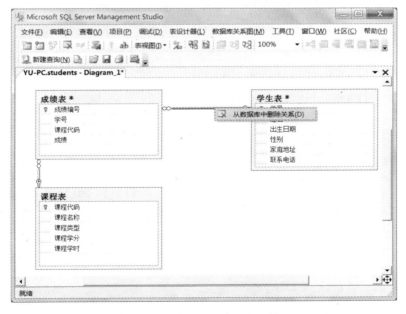

图 3-25　删除"学生表"和"成绩表"外键关系

1）在数据库关系图中，单击"学生表"学号列的行选择器。

2）将所选学号列拖动到"成绩表"中。出现两个对话框："外键关系"对话框和"表和列"对话框，并且后者显示在前。

3）在"表和列"对话框中，进行如下设置，如图3-26所示。

4）单击"确定"按钮。此时将出现"外键关系"对话框。"选定的关系"中显示了已创建的关系，如图3-27所示。

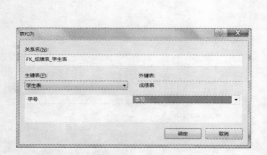

图3-26 "学生表"和"成绩表"
外键"表和列"的设置

图3-27 "学生表"和"成绩表"外键关系的设置

5）单击"确定"按钮以创建该关系。数据库关系图将显示"学生表"和"成绩表"之间的外键关系，如图3-28所示。

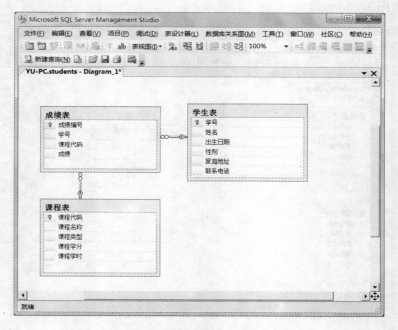

图3-28 在关系图中建立外键关系

3.3　知识链接

3.3.1　数据表

表是包含数据库中所有数据的数据库对象。数据在表中的组织方式与在电子表格中相似，都是按行和列的格式组织的。每一行代表一条唯一的记录，每一列代表记录中的一个字段。例如，在包含学生数据的表中，每一行代表一名学生，每一列分别代表该学生的信息，如学号、姓名、家庭地址以及电话号码等。

每一个表存储某一实体对象的数据，如 students 数据库的学生表存储学生数据，图 3-29 显示了 students 数据库中的学生表的内容。

YU-PC.students - dbo.学生表						▾ ✕
	学号	姓名	出生日期	性别	家庭地址	联系电话
▶	01	张三	1994-03-03 ...	男	天津市南开区	12345678
	02	李想	1994-04-04 ...	男	北京市海淀区	23456789
	03	王明	1994-05-05 ...	男	上海市黄浦区	34567890
	04	王小琳	1994-06-06 ...	女	重庆市北区	45678901
	05	王五	1995-05-05 ...	女	广东省深圳市	56789012
	06	触发器	1995-06-01 ...	男	天津市津南区	13620202020
*	NULL	NULL	NULL	NULL	NULL	NULL

图 3-29　学生表内容

表中行的顺序可以是任意的，通常按照数据插入的先后顺序存储，在使用中也会按照索引顺序排列。

若要创建表，首先需要创建表结构，然后向里面插入数据。创建表结构必须提供该表的名称以及该表中每个列的列名（字段名）、数据类型，是否允许空值和约束条件。

3.3.2　数据类型

表中的每个列（字段）都有数据类型，数据类型定义了各列允许使用的数据值。例如，定义为 int（整型）数据类型的字段，只能存放整数，不能在该字段中存放字符型数据，如字母 A～Z 等。如果在字符型字段中存放数字，则无法用其进行数学运算。下面是部分数据类型及限制。

1．整数数据

整数是指不包含小数或分数部分的数。

1）bigint：存储从 -2^{63} (-9,223,372,036,854,775,808) 到 $2^{63}-1$ (9,223,372,036,854,775,807)的整数。长度为 8B。

2）int：存储从 -2^{31} (-2,147,483,648) 到 $2^{31}-1$ (2,147,483,647)的整数。长度为 4B。

3）smallint：长度为 2B，存储从 -2^{15} (-32,768) 到 $2^{15}-1$ (32,767)的整数。长度为 2B。

4）tinyint：存储从 0 到 255 的数字。长度为 1B。

整型数据可用于任何数学运算。任何由这些运算生成的分数都将被舍去，而不是四舍五入。例如，5/3 的返回值为 1，而不是对分数结果四舍五入后返回的 2。

2. 浮点类型数据

使用浮点类型数据即可保存整数也可保存带有小数部分的数字。

（1）精确数值 decimal[(p,s)]

decimal[(p,s)]存储精确的数字表示形式，存储值没有近似值。有效值从-10^38+1 到 10^38-1。使用最大精度时，最多可以存储 38 个数字，所有这些数字均可位于小数点后面。

数据类型使用两个参数：精度与小数位数。p（精度）是字段中可以存储的总位数，包括小数点左边和右边的位数，默认精度为 18。s（小数位数）是小数点后面的位数，默认的小数位数为 0。例如，数 123.45 的精度是 5，小数位数是 2。如果数据类型为 decimal(8,4)，意味着它可保存的最大数字为 8 位，小数点前面有 4 位，小数点后面有 4 位。因而如果试图将值 12345.6 插入该列，则系统会显示一个算术溢出错误，因为其值在小数点左边的位数大于 4。类似地，如果向该列插入值 123.12345，则系统将把值舍入为 123.1235，因为小数位数最大为 4 位。最大存储大小基于精度而变化。

numeric float[(n)]在功能上等价于 decimal。

（2）近似数值 float[(n)]

float[(n)]用于表示浮点数值数据的大致数值数据类型，有效值从-1.79E+308 至 1.79E+308。浮点数据为近似值，因此，并非数据类型范围内的所有值都能精确地表示。其中 n 为用于存储 float 数值尾数的位数（以科学计数法表示），因此可以确定精度和存储大小。如果指定了 n，则它必须是介于 1 和 53 之间的某个值。n 的默认值为 53。n 为 1～24，精度 7 位，占 4B；n 为 25～53，精度 15 位，占 8B。real 的 ISO 同义词为 float(24)。

3. 字符类型数据

字符类型数据为固定长度或可变长度的字符数据类型。字符数据类型存储由字母、数字和符号组成的数据，如 a、1、和 at 符号（@）等。

（1）char

char 数据类型是一种长度固定的非 Unicode 字符数据类型。可以是单个字符到 8000 个字符的字符串，如果插入值的长度比 char 列的长度小，将在值的右边填补空格直到达到列的长度。例如，如果某列定义为 char(10)，而要存储的数据是"music"，则 SQL Server 将数据存储为"music_"，这里"_"表示空格。

（2）varchar

varchar 数据类型是一种长度可变的非 Unicode 字符数据类型。varchar 数据可以是最多包含 2^31-1 个字符的字符串。比列的长度小的值，不会在值的右边填补空格来达到列的长度，这种方法可以使用较少的磁盘空间。varchar 数据可以有两种形式：varchar(n)，n 是可以指定的，例如，varchar(6)指示此数据类型最多存储六个字符；它也可以是 varchar(max) 形式的，即此数据类型可存储的最大字符数可达 2^31-1。

使用 char 或 varchar，建议如下：

● 如果列数据项的大小一致，则使用 char。
● 如果列数据项的大小差异相当大，则使用 varchar(n)。
● 如果列数据项大小可能超过 8,000B，则使用 varchar(max)。

4. Unicode 类型数据

对于用一个字节编码每个字符的数据类型，存在的问题之一就是此数据类型只能表示

256 个不同的字符。Unicode 规格通过采用两个字节编码每个字符使这个问题迎刃而解。它可以表示 65,536 个不同的字符。另外，因为所有的 Unicode 系统均一致地采用同样的位模式来表示所有的字符，所以当从一个系统转到另一个系统时，将不会存在未正确转换字符的问题。

在 SQL Server 中，nchar 和 nvarchar 数据类型支持 Unicode 数据。nchar 和 nvarchar 的使用分别与 char 和 varchar 的使用基本相同。区别是 Unicode 支持更大范围的字符。存储 Unicode 字符需要更大的空间，每个 Unicode 字符所占的存储空间是非 Unicode 字符的 2 倍。Unicode 常量以 N 开头指定，如 N'A Unicode string'。

5. 日期和时间类型数据

存储日期和时间数据。字符串位于单引号（'）中，可在字符串中使用斜线（/）、连字符（-）或句点（.）作为分隔符来指定年、月、日。格式为 YYYY-MM-DD hh:mm:ss。

（1）datetime

1753 年 1 月 1 日 00:00:00 到 9999 年 12 月 31 日 23:59:59.997 日期和时间，精度为三百分之一秒，即 3.33 毫秒，占用 8B 空间，用于跟踪非常精确的日期和时间。

（2）smalldatetime

1900 年 1 月 1 日 00:00:00 到 2079 年 6 月 6 日 23:59:59 日期和时间，精度为 1min，占用 4B 空间，用于跟踪比 datetime 更简略的日期和时间。

6. 货币类型数据

存储货币数据或货币值。货币数据不需要用单引号（'）引起来。请务必记住虽然可以指定前面带有货币符号的货币值，但 SQL Server 不存储任何与符号关联的货币信息，它只存储数值。

如果一个对象被定义为 money 或 smallmoney，则小数点后可以有 4 位数字。如果需要小数点后有更多位，则使用 decimal 数据类型。

（1）money

money 为-922,337,203,685,477.5808 到 922,337,203,685,477.5807 的货币值，精度为币值单位的万分之一，用 8B 硬盘空间存放，

（2）smallmoney

smallmoney 为-214,748.3648 到 214,748.3647 的货币值，精度为币值单位的万分之一，用 4B 硬盘空间存放，用于存放比 money 类型字段小的币值。

7. 特殊类型数据

特殊数据类型是指那些不适合其他任何数据类型类别的数据类型。例如，bit 数据类型，常用做逻辑值的真假，取值 0 或 1。字符串值 true 和 false 可转换为 bit 值，true 被转换为 1，false 被转换为 0。bit 数据无需用单引号括起来。

8. 用户自定义类型数据

用户自定义类型是基于 SQL Server 的系统数据类型而创建的别名数据类型。当多个列中需要用到相同的数据类型时，即这些列具有相同的数据类型、长度和为 NULL 时，可以使用用户定义数据类型。例如，在 students 数据库中，我们可以生成用户定义数据类型邮政编码 char(6)，可以为空。其步骤如下：

1）在对象资源管理器中，展开数据库，展开 students。

2）展开"可编程性"，展开"类型"。

3）右击"用户定义数据类型"。

4）输入下列内容，邮政编码，char，6，允许为空，如图 3-30 所示，单击"确定"按钮。

图 3-30　用户自定义数据类型

3.3.3　数据完整性

为了保证数据库中数据的质量，创建表要求确定列中数据完整性。例如，如果学生表输入了学号值 01，则数据库不允许其他学生拥有相同值的学号。如果成绩表的成绩列取值范围是从 0 至 100，则数据库将不接受此范围以外的值。如果成绩表中有学号字段，字段的值应该是有效的学生学号。即在学生表中有相应的学生信息。SQL Server 提供了下列机制来强制列中数据的完整性。

1．主键（PRIMARY KEY）约束

主键约束保证表中的每个记录唯一。例如学生信息表中，学号列需要唯一地标识不同的学生，因此可以将该列定义为主键。主键可以是一列或多列的组合。如果对多列的组合定义了主键约束，则一列中的值可能会重复，但来自主键约束中多列值的组合必须唯一。

一个表只能有一个主键约束，并且主键约束中的列不能是空值。

如果为表指定了主键约束，则数据库引擎将通过为主键列创建唯一索引来强制数据的唯一性。此索引还可用来对数据进行快速访问。

可以在创建表时创建主键约束作为表定义的一部分。如果表已存在，且没有主键约束，还可以添加主键约束。

为表中的现有列添加主键约束时，数据库引擎将检查现有列的数据以确保主键符合以下规则：列不允许有空值，不能有重复的值。

如果另一个表中的外键约束引用了主键约束，则必须先删除外键约束才能删除主键约束。

2．唯一性（UNIQUE）约束

唯一性约束确保在非主键列中不输入重复的值。例如，课程表中课程名称可以定义为唯一性约束，保证没有重名的课程名称。主键约束与唯一性约束有两大差别。第一，唯一性约束允许字段中插入 NULL（空）值，而主键约束不允许 null（空）值。第二，一个表可含有

多个唯一性约束，而一个表只能有一个主键约束。此外，两者的作用是相同的，保证字段中插入唯一数据。默认情况下将创建唯一的非聚集索引（见任务 8）以强制执行唯一性约束。

3．检查（CHECK）约束

检查约束用来限制字段中可接受的数据，即使数据类型正确。例如，成绩表中的成绩字段是整型数据，可以接受整型数值，但是 0 和 100 范围以外的整型数据是不合法的，因此可以通过创建检查约束将成绩列中的值进行限制。

可以通过任何逻辑表达式创建检查约束。如成绩 >=0   AND 成绩<= 100。CHECK 约束不接受计算结果为 FALSE 的值。因为空值的计算结果为 UNKNOWN，所以表达式中存在这些值可能会覆盖约束。

4．默认值（DEFAULT）约束

记录中的每列均必须有值，即使该值是 NULL。可能会有这种情况：必须向表中加载一行数据但不知道某一列的值，或该值尚不存在。如果列允许空值，就可以为行加载空值。由于可能不希望有可为空的列，因此最好是为列定义 DEFAULT 定义（如果合适）。例如，课程表中课程类型字段不能为空，添加默认值（DEFAULT）约束"考查"，如果输入课程时不能确定是考试课还是考查课，数据库引擎自动将默认值"考查"插入到"课程类型"列中。

如果列不允许空值且没有 DEFAULT 定义，就必须为该列显式指定值，否则数据库引擎会返回错误，指出该列不允许空值。默认值必须与要应用 DEFAULT 定义的列的数据类型相配。例如，int 列的默认值必须是整数，而不能是字符串。

5．外键（FOREIGN KEY）约束

当一个表中的列定义为主键时，就可将该列在另外一张表定义为外键。通过外键，可将两个表的数据进行链接。例如，学生表中学号是主键，则可将成绩表中学号定义为外键，这样就能通过学号将两个表相联系，进而显示某个学生的姓名和成绩。另外，通过外键约束使得外键表的值参考主键表的值，保证了在成绩表中插入学号时，如果学生表中不存在此学号的学生，则插入操作被拒绝。不仅如此，如果主键表的值更新，外键表的值也应随之更新，如果主键表数据删除，外键表的数据也应删除。

6．允许空值

数据库中列的取值是否为空，也是一种约束，空（NULL）的意思是没有输入，如果可以为空，用户向表中输入数据行时，这一项可以不输入，如果不允许空值，输入数据时必须在列中输入一个值或在该列建立一个默认值，否则数据库将不接收该表行。建议避免允许空值，因为这样可以确保行中的列永远包含数据。

7．标识（IDENTITY）列

对于每个表，均可创建一个包含系统自动生成的序号值的标识符列，该序号值以唯一方式标识表中的每一行。例如，可在成绩表中，对成绩编号定义标识符列，使之在表中创建自动递增标识号（出于简化，本书对成绩编号采用 int）。创建标识符列的方法是，选择要定义标识符符列的字段，在底部"列属性"中的"标识规范"里选择（是标识）右边的下拉菜单"是"，再分别定义标识种子和标识增量，不能修改现有表列来添加 IDENTITY 属性。在定义标识符列时，注意下列几点：

1）该列只有列的数据类型属于 decimal、int、numeric、smallint、bigint 或 tinyint 数据

类型时，才可以把该列定义为标识符列。

2）标识种子：装载到表中的第一个行使用的值。标识增量：与前一个加载的行的标识值相加的增量值。必须同时指定种子和增量，或者二者都不指定。如果二者都未指定，则取默认值（1,1）。

3）定义标识符列后，以后向该列输入数据时，该列会随着行的增加自动增加数值，并且不会重复，第 1 个数值是标识种子，以后将按照标识增量增加数值。

4）标识符列的数据是自动生成的，不能在该列上输入数据。

5）标识符列不能允许为 NULL 值。

注意：如果在经常进行删除操作的表中存在标识符列，那么标识值之间可能会出现断缺。已删除的标识值不再重新使用。要避免出现这类断缺，请勿使用 IDENTITY 属性，或用 SET IDENTITY_INSERT 表名 ON 显式输入标识值。

3.3.4　数据库关系图

数据库关系图是以图形方式显示数据库的结构。可以创建不同的关系图使数据库的不同部分可视化，或强调设计的不同方面。例如，可以创建一个大型关系图来显示数据库中所有表和所有列，并创建一个较小的关系图来显示所有表但不显示所有列。

通过新建数据库库关系图或打开现有的关系图来打开数据库关系图设计器。可以使用数据库设计器创建、编辑或删除表、列、键、索引、关系和约束。实际上，大量的数据库管理工作都可以用数据库关系图进行。

1．数据库关系图中的表和列

在数据库关系图中，每个表都可以带有 3 种不同的功能：标题栏、行选择器和一组属性列。

- 标题栏：标题栏显示表的名称。
- 行选择器：可以通过单击行选择器来选择表中的数据列。如何该列是表的主键，则行选择器将显示一个主键符号。
- 属性列：属性列组仅在表的某些视图中可见。

2．数据库关系图中的关系

在数据库关系图中，每个关系都可以带有 3 种不同的功能：终结点、线型和相关表。

- 终结点：线的终结点表示关系是一对一还是一对多关系。如果某个关系在一个终结点处有键，在另一个终结点处有无穷符号，则该关系是一对多关系。如果某个关系在每个终结点处都有键，则该关系是一对一关系。
- 线型：线本身（非其终结点）表示当向外键表添加新数据时，数据库管理系统（DBMS）是否强制关系的引用完整性。如果为实线，则在外键表中添加或修改行时，DBMS 将强制关系的引用完整性。如果为点线，则在外键表中添加或修改行时，DBMS 不强制关系的引用完整性。
- 相关表：关系线表示两个表之间存在外键关系。对于一对多关系，外键表是靠近线的无穷符号的那个表。

3.4 小结

表是包含数据库中所有数据的数据库对象。若要创建表，首先需要创建表结构。

创建表结构必须提供该表的名称以及该表中每个列的列名、数据类型，是否允许空值和约束条件。

要确保用户在字段中输入正确数据，除了强制数据类型，还包括列中允许的值。这需要通过强制数据完整性创建约束来实现。

1）主键（PRIMARY KEY）约束：保证表中的每个记录唯一，主键可由一列或列组组成。

2）外键（FOREIGN KEY）约束：标识并强制实施表之间的关系。

3）检查（CHECK）约束：限制可放入列中的值。

4）唯一性（UNIQUE）约束：强制实施列中值的唯一性。

5）定义默认值（DEFAULT）：将默认值插入到没有指定值的且不能为空的列中。

6）允许空值（NULL）：指定某一列是否允许空值。如果不允许空值，用户向表中输入数据时必须在列中输入一个值，否则数据库将不接收该表行。

为使数据库可视化，我们可创建一个或多个数据库关系图，以显示数据库中的部分或全部表、列、键和关系。使用数据库关系图还可以创建和修改表、列、关系和键。此外，还可以修改索引和约束。

3.5 习题

一、简答题

1. SQL Server 提供了哪些数据完整性限制用户在字段中输入的数据？
2. 数据库关系图的作用是什么？

二、操作题

1. 在 sales 数据库里创建如表 3-4～表 3-6 所示的表结构：产品表、客户表和订单表。

表 3-4　产品表

字 段 名 称	字 段 类 型	为 空 性	约　　束
产品编号	int	Not NULL	不能重复
产品描述	varChar(50)	Not NULL	
库存量	int	Not NULL	>=0

表 3-5　客户表

字 段 名 称	字 段 类 型	为 空 性	约　　束
客户编号	int	Not NULL	不能重复
客户姓名	varChar(20)	Not NULL	
客户住址	varChar(50)	Not NULL	默认天津
客户邮编	char(6)	Not NULL	
联系电话	char(15)	Not NULL	唯一性

表 3-6 订单表

字 段 名 称	字 段 类 型	为 空 性	约 束
订单号	int	Not NULL	不能重复，标识列
客户号	int	Not NULL	参考客户表客户编号
产品号	int	Not NULL	参考产品表产品编号
销售量	int	Not NULL	>=0
订单日期	smalldatetime	Not NULL	

2．对表添加约束。

三、提高题

1．使用 T-SQL 创建学生表（联机帮助）。

2．使用 T-SQL 添加学生表约束（联机帮助）。

3．使用图形化工具定义成绩表的成绩编号为标识符列，种子和增量均为 1，然后将该标识列取消。

任务 4　表数据操作

4.1　任务提出

4.1.1　任务背景

当创建数据库的表结构后，就可以向表里添加数据，此外，修改和删除表中现有数据也是数据库日常维护的工作之一。

4.1.2　任务描述

本任务主要介绍在 students 数据库中，将学生信息、课程信息和考试成绩信息添加到表中，如果表中信息有错误，如何进行修改，如果数据不再需要如何进行删除。

本任务主要包括以下内容：

- 向"学生表"、"课程表"和"成绩表"添加数据。
- 修改表里数据。
- 删除表里数据。
- 使用现有数据生成新表。
- 使用图形化工具操作表格数据。

表 4-1　学生表数据

学　号	姓　名	出 生 日 期	性别	家 庭 地 址	联 系 电 话
01	张三	1994-03-03	男	天津市南开区	12345678
02	李想	1994-04-04	男	北京市海淀区	23456789
03	王明	1994-05-05	男	上海市黄浦区	34567890
04	王小琳	1994-06-06	女	重庆市江北区	45678901
05	王五	1995-05-05	女	广东省深圳市	56789012

表 4-2　课程表数据

课 程 代 码	课 程 名 称	课 程 类 型	课 程 学 分	课 程 学 时
01	数学	考试	2	64
02	英语	考查	2	60
03	计算机基础	考查	1.5	30

表 4-3　成绩表数据

成绩编号	学号	课程代码	成绩
1	01	01	90
2	02	01	85
3	03	01	70
4	04	01	60
5	01	02	85
6	02	02	70
7	03	02	60
8	04	02	50

4.2　任务实施与拓展

4.2.1　向表中添加数据

在 SQL Server 中可以使用图形化工具和 T-SQL 语句两种方法添加数据，本任务主要讲述 T-SQL 语句添加数据，图形化工具在其后作简要介绍。

【例 4-1】　向学生表添加数据。

1）在 SSMS 中，在工具栏上单击"新建查询"按钮，打开一个查询输入窗口。

2）输入如下语句：

```
USE students
GO
INSERT INTO  学生表(学号,姓名,出生日期,性别,家庭地址,联系电话)
VALUES('01','张三','1994-03-03','男','天津市南开区','12345678')
INSERT INTO  学生表(学号,姓名,出生日期,性别,家庭地址,联系电话)
VALUES('02','李四','1994-04-04','男','北京市海淀区','23456789')
INSERT INTO  学生表(学号,姓名,出生日期,性别,家庭地址,联系电话)
VALUES('03','王明','1994-05-05','男','上海市黄浦区','34567890')
INSERT INTO  学生表(学号,姓名,出生日期,性别,家庭地址,联系电话)
VALUES('04','王小琳','1994-06-06','女','重庆市江北区','45678901')
INSERT INTO  学生表(学号,姓名,出生日期,性别,家庭地址,联系电话)
VALUES('05','王五','1995-05-05','女','广东省深圳市','56789012')
GO
```

3）单击"执行"按钮。

执行后，在对象资源管理器中，展开数据库 students，展开表，右击"学生表"，在弹出的"快捷菜单"中选择"选择前 1000 行"，即可看到插入的记录，如图 4-1 所示。

提示：对于字符型数据和日期时间型数据输入的值应加单引号。 对于可以为空的列，也可先不输入数据。GO 是批处理标志，批处理见后面任务 6。

附：上例也可写成如下代码。

	学号	姓名	出生日期	性别	家庭地址	联系电话
1	01	张三	1994-03-03 00:00:00	男	天津市南开区	12345678
2	02	李想	1994-04-04 00:00:00	男	北京市海淀区	23456789
3	03	王明	1994-05-05 00:00:00	男	上海市黄浦区	34567890
4	04	王小琳	1994-06-06 00:00:00	女	重庆市江北区	45678901
5	05	王五	1995-05-05 00:00:00	女	广东省深圳市	56789012

图 4-1　向"学生表"插入数据

```
USE students
GO
INSERT INTO 学生表(学号,姓名,出生日期,性别,家庭地址,联系电话)
VALUES('01','张三','1994-03-03','男','天津市南开区','12345678')
,('02','李四','1994-04-04','男','北京市海淀区','23456789')
,('03','王明','1994-05-05','男','上海市黄浦区','34567890')
,('04','王小琳','1994-06-06','女','重庆市江北区','45678901')
,('05','王五','1995-05-05','女','广东省深圳市','56789012')
GO
```

附：使用图形化工具向学生表添加数据。

1）在对象资源管理器中，展开"数据库"，展开"students"。

2）选择"学生表"，单击鼠标右键选择"编辑前 200 行"。

3）直接在最后一行中添加数据，当光标移到其他列时，界面会自动触发 INSERT 语句，SQL Serve 会检查数据的正确性。如图 4-2 所示。

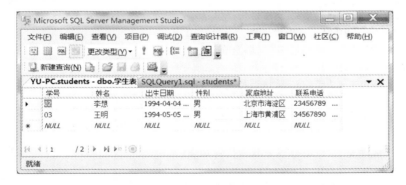

图 4-2　使用图形化工具向"学生表"插入数据

【例 4-2】　向课程表添加数据。

1）在 SSMS 中，在工具栏上单击"新建查询"按钮。

2）输入如下语句：

```
USE students
GO
INSERT 课程表(课程代码,课程名称,课程类型,课程学分,课程学时)
VALUES('01','数学','考试',2,64)
INSERT 课程表(课程代码,课程名称,课程类型,课程学分,课程学时)
VALUES('02','英语','考查',2,60)
```

```
INSERT 课程表(课程代码,课程名称,课程类型,课程学分,课程学时)
VALUES('03','计算机基础','考查',1.5,30)
GO
```

3）单击"执行"按钮。

执行后,在对象资源管理器中,展开数据库 students,展开表,右击"课程表",在弹出的"快捷菜单"中选择"选择前 1000 行",即可看到插入的记录,如图 4-3 所示。

	课程代码	课程名称	课程类型	课程学分	课程学时
1	01	数学	考试	2	64
2	02	英语	考查	2	60
3	03	计算机基础	考查	1.5	30

图 4-3 向"课程表"插入数据

【例 4-3】 向成绩表添加数据。

1）在 SSMS 中,在工具栏上单击"新建查询"按钮。

2）输入如下语句:

```
USE    students
GO
INSERT 成绩表 (成绩编号,学号,课程代码,成绩)
VALUES(1,'01','01',90)
INSERT 成绩表 (成绩编号,学号,课程代码,成绩)
VALUES(2,'02','01',85)
INSERT 成绩表 (成绩编号,学号,课程代码,成绩)
VALUES(3,'03','01',70)
INSERT 成绩表 (成绩编号,学号,课程代码,成绩)
VALUES(4,'04','01',60)
INSERT 成绩表 (成绩编号,学号,课程代码,成绩)
VALUES(5,'01','02',85)
INSERT 成绩表 (成绩编号,学号,课程代码,成绩)
VALUES(6,'02','02',70)
INSERT 成绩表 (成绩编号,学号,课程代码,成绩)
VALUES(7,'03','02',60)
INSERT 成绩表 (成绩编号,学号,课程代码,成绩)
VALUES(8,'04','02',50)
GO
```

3）单击"执行"按钮。

执行后,在对象资源管理器中,展开数据库 students,展开表,右击"成绩表",在弹出的"快捷菜单"中选择"选择前 1000 行",即可看到插入的记录,如图 4-4 所示。

【例 4-4】 在"学生表"中生成新表"学生表练习"。

1）在 SSMS 中,在工具栏上单击"新建查询"按钮。

2）输入如下语句:

```
USE students
```

图 4-4 向"成绩表"添加数据

```
GO
SELECT  * INTO  学生表练习 FROM  学生表
```

提示：用 SELECT   INTO 生成的表没有索引、主关键字、外关键字、缺省值和触发器。

3）单击"执行"按钮。

执行后，在对象资源管理器中，展开数据库 students，展开表，右击"学生表练习"，在弹出的"快捷菜单"中选择"选择前 1000 行"，即可看到"学生表练习"中内容，如图 4-5 所示。

图 4-5 "学生表练习"中内容

【例 4-5】 将"学生表"内容添加到"学生表练习 1"中，如图 4-6 所示。

1）在 SSMS 中，在工具栏上单击"新建查询"按钮。

2）输入如下语句：

```
USE   students
GO
CREATE TABLE   学生表练习 1 (
      学号    char (2) NOT NULL,
      姓名    char (8) NOT NULL,
      出生日期   smalldatetime  NOT NULL,
      性别   char (2) NOT NULL,
      家庭地址   varchar (50) NOT NULL,
      联系电话   char (15) NOT NULL
)
GO
INSERT INTO  学生表练习 1
SELECT * FROM  学生表
GO
```

提示：使用 INSERT 和 SELECT 子查询向表中添加数据，需先创建表。

图 4-6 "学生表练习 1"中内容

4.2.2 修改表中数据

【例 4-6】 在"学生表练习"中，将"张三"改成"李四"。

1）在 SSMS 中，在工具栏上单击"新建查询"按钮。

2）输入如下语句：

```
USE students
GO
UPDATE 学生表练习
SET 姓名='李四' WHERE 姓名='张三'
GO
```

3）单击"执行"按钮。

执行后，在对象资源管理器中，展开数据库 students，展开表，右击"学生表练习"，在弹出的"快捷菜单"中选择"选择前 1000 行"，即可看到"学生表练习"中内容，如图 4-7 所示。

图 4-7 将"张三"改成"李四"

【例 4-7】 在"学生表练习"中，将"王小琳"改成"王小林"，性别改为"男"。

1）在 SSMS 中，在工具栏上单击"新建查询"按钮。

2）输入如下语句：

```
USE students
GO
UPDATE 学生表练习
SET 姓名='王小林',性别='男'   WHERE 姓名='王小琳'
GO
```

执行后，在对象资源管理器中，展开数据库 students，展开表，右击"学生表练习"，在弹出的"快捷菜单"中选择"选择前 1000 行"，即可看到"学生表练习"中内容，如图 4-8 所示。

图 4-8　将"王小琳"改成"王小林"，性别改为"男"

【例 4-8】　在"学生表练习"中，将所有学生性别改为"女"。

1）在 SSMS 中，在工具栏上单击"新建查询"按钮。

2）输入如下语句：

```
USE students
GO
UPDATE 学生表练习
SET 性别='女'
GO
```

执行后，在对象资源管理器中，展开数据库 students，展开表，右击"学生表练习"，在弹出的"快捷菜单"中选择"选择前 1000 行"，即可看到"学生表练习"中内容，如图 4-9 所示。

图 4-9　所有学生性别改为"女"

4.2.3　删除表中数据

【例 4-9】　在"学生表练习"中，删除"王小林"记录。

1）在 SSMS 中，在工具栏上单击"新建查询"按钮。

2）输入如下语句：

```
USE students
GO
DELETE FROM 学生表练习
WHERE 姓名='王小林'
GO
```

执行后，在对象资源管理器中，展开数据库 students，展开表，右击"学生表练习"，在弹出的"快捷菜单"中选择"选择前 1000 行"，即可看到"学生表练习"中内容，如图 4-10 所示。

	学号	姓名	出生日期	性别	家庭地址	联系电话
1	01	李四	1994-03-03 00:00:00	女	天津市南开区	12345678
2	02	李想	1994-04-04 00:00:00	女	北京市海淀区	23456789
3	03	王明	1994-05-05 00:00:00	女	上海市黄浦区	34567890
4	05	王五	1995-05-05 00:00:00	女	广东省深圳市	56789012

图 4-10　删除 "王小林" 记录

【例 4-10】　在 "学生表练习" 中，删除所有记录。

1）在 SSMS 中，在工具栏上单击 "新建查询" 按钮。

2）输入如下语句：

```
USE students
GO
DELETE FROM    学生表练习
GO
```

执行后，在对象资源管理器中，展开数据库 students，展开表，右击 "学生表练习"，在弹出的 "快捷菜单" 中选择 "选择前 1000 行"，即可看到 "学生表练习" 中内容，如图 4-11 所示。

学号	姓名	出生日期	性别	家庭地址	联系电话

图 4-11　删除所有记录

提示：删除表中所有记录，还可以使用 TRUNCATE TABLE 学生表练习。

4.3　知识链接

4.3.1　INSERT 添加数据

添加数据用于在表中插入新的数据行。

1．INSERT 添加数据

INSERT 语句可向表中添加一个或多个新行。在简化处理中，其语法为：

```
INSERT    [INTO]    表名或视图名 (字段列表)
VALUES
(字段值列表)
```

说明：

1）INSERT 表示将字段值插入到指定的表或视图的字段中。INTO 为可选关键字，只为增加可读性。[ ]（方括号）为可选语法项。不要输入方括号。大写为 Transact-SQL 关键字。

2）字段列表是列名的列表，用于指定接收数据的列，未在字段列表指定的列必须允许空值或分配了默认值或为标识列。列名以逗号分隔。当向表中所有字段插入值时，字段列表可以省略。

3）VALUES 引入要插入的数据值的一个或多个列表。

4）字段值列表是向字段插入的值，用逗号分隔，可以按 DEFALUT、NULL 或按表达式提供。表达式的数据类型、精度和小数位数必须与列的列表中对应列一致，或者可以隐式转换为列的列表中对应列。如果没有指定列的列表，字段名和字段值应数量一致，且顺序一致。

5）INSERT 语句不指定具有 IDENTITY 属性的列的值，因为 SQL Server 数据库引擎将为这些列生成值。除非打开 SET IDENTITY_INSERT 表名 ON。

6）SQL Server 2008 引入了 Transact-SQL 行构造函数（又称为表值构造函数），用于在一个 INSERT 语句中指定多个行。行构造函数包含一个 VALUES 子句和多个括在圆括号中且以逗号分隔的值列表。

2．SELECT INTO 添加数据

SELECT INTO 语句用于创建一个新表，并用 SELECT 语句的结果集填充该表。SELECT INTO 可将几个表或视图中的数据组合成一个表。新表的列和数据类型与 SELECT 列表中的列相同。但是 SELECT INTO 生成的新表没有索引、主关键字、外关键字、默认值等，如果表中需要这些特性，则需要创建新表，并使用 INSERT 填入。

3．INSERT 和 SELECT 子查询添加数据

INSERT 语句中的 SELECT 子查询可用于将一个或多个表或视图中的值存储到特定位置上，该位置可以是远程服务器、不同数据库或不同数据表中。但添加数据的表必须事先存在。使用 SELECT 子查询可以同时插入多行。

子查询的选择列表必须与 INSERT 语句的列列表匹配。如果没有指定列列表，选择列表必须与正在其中执行插入操作的表或视图的列匹配。

4.3.2 UPDATE 更改数据

更改表或视图中的现有数据。其语法为：

> UPDATE 数据表 SET 字段 1=值 1,字段 2=值 2, …
> WHERE 更新条件

说明：

1）UPDATE：表示对表进行修改操作。

2）SET：引入所要的改变。

3）字段 1=值 1：指出更新的列及列的新值，允许对多个列同时更新。

4）WHERE：指出更新的行要满足的条件，如果省略，则表示所有行。

5）如果对行的更新违反了某个约束，如违反了对列的 NULL 设置，或者新值是不兼容的数据类型，则取消该语句、返回错误并且不更新任何记录。

4.3.3 DELETE 删除数据

从表或视图中删除行。其语法为：

  DELETE　FROM　表名 WHERE　条件

说明：

1）DELETE 关键字表示对表中数据进行删除操作。

2）通过 WHERE 指定符合条件的行将被删除。

3）DELETE 语句不能删除记录的某个字段的值，只能对整条记录进行删除。

4）如果 DELETE 语句违反了触发器，或试图删除另一个有 FOREIGN　KEY 约束的表内的数据被引用行，则可能会失败。如果 DELETE 删除了多行，而在删除的行中有任何一行违反触发器或约束，则将取消该语句，返回错误且不删除任何行。

5）如果要删除表中的所有行，则使用未指定 WHERE 子句的 DELETE 语句，或者使用 TRUNCATE　TABLE。TRUNCATE　TABLE 不记录单个行删除操作，比 DELETE 速度快，且使用的系统和事务日志资源少。

6）任何已删除所有行的表仍会保留在数据库中。DELETE 语句只从表中删除行，但表结构及其列、约束、索引等保持不变。若要删除表结构及其数据，请使用 DROP TABLE 语句。

4.4　小结

  本任务主要介绍了在 SQL Server 2008 中，使用 T-SQL 方式添加、更新和删除数据的方法。这些方法包括：

1）INSERT 语句添加新数据。

2）SELECT　INTO 语句生成新表。

3）INSERT 和 SELECT 子查询添加数据。

4）UPDATE 语句修改数据。

5）DELETE 与 TRUNCATE　TABLE 语句删除数据。

4.5　习题

一、简答题

1. 写出添加数据的语法格式。

2. 写出修改数据的语法格式。

3. 写出删除数据的语法格式。

二、操作题

1. 向产品表、客户表和订单表添加下列数据。

表 4-4　产品表

产 品 编 号	产 品 描 述	库 存 量
1	硬盘	10
2	CPU	20
3	显卡	10
4	主板	30

表 4-5 客户表

客 户 编 号	客 户 姓 名	客 户 住 址	客 户 邮 编	联 系 电 话
1	张阳	天津	301800	12345678
2	王莹	北京	102600	23456789
3	刘芳	深圳	518000	34567890
4	刘士义	大连	116000	45678901

表 4-6 订单表

订 单 号	客 户 号	产 品 号	销 售 量	订 单 日 期
自动生成	1	1	5	2011-02-02
自动生成	1	2	5	2011-05-05
自动生成	2	3	1	2012-03-03
自动生成	4	4	2	2013-03-03
自动生成	3	1	1	2013-08-08

2．使用 SELECT INTO 将客户表复制到 sales 数据库中，表名称为"客户表练习"。

3．修改"客户表练习"中数据，将张阳改为张洋。

4．修改"客户表练习"中数据，将王莹的客户住址改为天津，邮政编码改为 300020。

5．修改"客户表练习"中数据，将客户表所有联系电话改成 12345678。

6．删除"客户表练习"中数据，将客户名称为王莹的记录删除。

7．删除"客户表练习"中数据，将所有记录删除。

8．将客户表再次复制到 sales 数据库中，表名称为"客户表练习 1"，然后用 truncate table 命令删除。

任务 5 查 询 数 据

5.1 任务提出

5.1.1 任务背景

随着数据库和数据表的建立，以及数据的添加，如何运用"数据查询语言"进行数据的查询，来满足用户的各种查询要求，是接下来要学习的内容。本任务要介绍从一个或几个表中查询数据的方法，还要介绍如何对查询的数据进行组织。

5.1.2 任务描述

在 students 数据库里，教务人员、班主任、教师和学生可以随时查询需要的数据信息。教务人员可以查询课程信息如课程名称叫什么？课程类型是考试还是考查？学分是多少？学时是多少？班主任可以查询学生信息如某个学生的出生年月、家庭地址和联系电话，教师可以查询某门课程的平均分、最高分和最低分，有时还要根据成绩进行排序，学生可以查询每门课程的考试成绩等。这些都需要使用 SELECT 查询语句完成。

本任务主要包括以下内容：

- 使用基本的查询语句。
- 使用 WHERE 子句限制返回的记录。
- 多表查询。
- 使用 ORDER BY 对结果集进行排序。
- 使用 GROUP BY 分组查询。
- 使用 TOP N 返回前多少行。
- 使用 UNION 合并结果集。
- 使用子查询。

5.2 任务实施与拓展

5.2.1 使用基本查询语句

【例 5-1】 查询"学生表"所有学生的全部信息。

输入如下语句：

```
USE students
```

```
GO
SELECT * FROM 学生表
```

查询结果如图 5-1 所示。

	学号	姓名	出生日期	性别	家庭地址	联系电话
1	01	张三	1994-03-03 00:00:00	男	天津市南开区	12345678
2	02	李想	1994-04-04 00:00:00	男	北京市海淀区	23456789
3	03	王明	1994-05-05 00:00:00	男	上海市黄浦区	34567890
4	04	王小琳	1994-06-06 00:00:00	女	重庆市江北区	45678901
5	05	王五	1995-05-05 00:00:00	女	广东省深圳市	56789012

图 5-1　查询“学生表”所有数据

【例 5-2】 查询学生表所有学生的学号，姓名。

输入如下语句：

```
USE students
GO
SELECT   学号,姓名   FROM  学生表
```

查询结果如图 5-2 所示。

	学号	姓名
1	01	张三
2	02	李想
3	03	王明
4	04	王小琳
5	05	王五

图 5-2　查询“学生表”学号和姓名

【例 5-3】 查询 3+4 的结果。

输入如下语句：

```
USE students
GO
SELECT   3+4
```

查询结果如图 5-3 所示。

	(无列名)
1	7

图 5-3　查询 3+4 的结果

【例 5-4】 查询成绩表中所有成绩的最大值。

输入如下语句：

```
USE students
GO
SELECT   MAX(成绩)   AS  最高分  FROM  成绩表
```

查询结果如图 5-4 所示。

	最高分
1	90

图 5-4　查询成绩的最大值

提示：由于最高分是表里数据计算结果，因此，结果集中没有列标题，使用 AS 最高分添加了列标题。

【**例 5-5**】 查询成绩表中所有参加考试学生的学号。
输入如下语句：

```
USE students
GO
SELECT   DISTINCT  学号
FROM  成绩表
```

查询结果如图 5-5 所示。

	学号
1	01
2	02
3	03
4	04

图 5-5　查询参加考试学生的学号

提示：DISTINCT 可以消除学号字段重复值。

5.2.2　使用 WHERE 限制返回的行数

【**例 5-6**】 查询学生表中"张三"的学号、姓名和联系电话。
输入如下语句：

```
USE students
GO
SELECT   学号,姓名,联系电话 FROM  学生表
WHERE  姓名='张三'
```

查询结果如图 5-6 所示。

	学号	姓名	联系电话
1	01	张三	12345678

图 5-6　查询"张三"的学号、姓名和联系电话

【**例 5-7**】 查询成绩表中 80～90 分的成绩。

输入如下语句：

```
USE students
GO
SELECT 成绩 FROM 成绩表
WHERE 成绩 BETWEEN 80 AND 90
```

查询结果如图 5-7 所示。

	成绩
1	90
2	85
3	85

图 5-7   查询 80 到 90 分的成绩

附：第 2 种方法如下。

```
USE students
GO
SELECT 成绩 FROM 成绩表
WHERE 成绩>=80 and 成绩<=90
```

【例 5-8】   查询学生表中"张三"和"李想"学生的全部信息。
输入如下语句：

```
USE student
GO
SELECT * FROM 学生表
WHERE 姓名 IN('张三','李想')
```

查询结果如图 5-8 所示。

	学号	姓名	出生日期	性别	家庭地址	联系电话
1	01	张三	1994-03-03 00:00:00	男	天津市南开区	12345678
2	02	李想	1994-04-04 00:00:00	男	北京市海淀区	23456789

图 5-8   查询"张三"和"李想"信息

附：第 2 种方法如下。

```
USE students
GO
SELECT * FROM 学生表
WHERE 姓名='张三' or 姓名='李想'
```

【例 5-9】   在学生表中查找姓王的记录。
输入如下语句：

```
USE    students
```

```
GO
SELECT  * FROM  学生表
WHERE  姓名  LIKE '王%'
```

查询结果如图 5-9 所示。

	学号	姓名	出生日期	性别	家庭地址	联系电话
1	03	王明	1994-05-05 00:00:00	男	上海市黄浦区	34567890
2	04	王小琳	1994-06-06 00:00:00	女	重庆市江北区	45678901
3	05	王五	1995-05-05 00:00:00	女	广东省深圳市	56789012

图 5-9　在学生表中查找姓王的记录

提示：LIKE 操作符和通配符一起可查询记不住的字符。"%" 通配符可匹配任意个字符，"?" 通配符能替换字符串中的任何一个字符。

【例 5-10】　在学生表中查找联系电话第 1 个数字是 3、共有 8 位数字的学生姓名和联系电话。

输入如下语句：

```
USE students
GO
SELECT 姓名,联系电话  FROM  学生表
WHERE  联系电话  LIKE '3[0-9][0-9][0-9][0-9][0-9][0-9][0-9]'
```

查询结果如图 5-10 所示。

	姓名	联系电话
1	王明	34567890

图 5-10　查找联系电话第 1 个数字是 3、共有 8 位数字的学生姓名和联系电话

【例 5-11】　查找成绩为空的行。
输入如下语句：

```
USE students
GO
SELECT * FROM 成绩表
WHERE 成绩 IS NULL
```

查询结果如图 5-11 所示。

成绩编号	学号	课程代码	成绩

图 5-11　查找成绩为空的行

【例 5-12】　在成绩表中查找 01 号同学 01 号课程的考试成绩。
输入如下语句：

```
USE students
GO
SELECT   学号,课程代码,成绩  FROM  成绩表
WHERE   学号='01' AND  课程代码='01'
```

查询结果如图 5-12 所示。

	学号	课程代码	成绩
1	01	01	90

图 5-12　在成绩表中查找 01 号同学 01 号课程的考试成绩

5.2.3　多表查询

【例 5-13】 显示参加考试学生的姓名、课程号和成绩（两表查询）。

输入如下语句：

```
USE students
GO
SELECT 学生表.姓名,成绩表.课程代码,成绩表.成绩  FROM   学生表  JOIN  成绩表
ON  学生表.学号=成绩表.学号
```

查询结果结果如图 5-13 所示。

	姓名	课程代码	成绩
1	张三	01	90
2	李想	01	85
3	王明	01	70
4	王小琳	01	60
5	张三	02	85
6	李想	02	70
7	王明	02	60
8	王小琳	02	50

图 5-13　显示参加考试学生的姓名、课程号和成绩

提示：多表查询在查询所引用的两个或多个表中，任何重复的列名都必须用表名加以限定。JOIN 用于将表按公共列连接，JOIN 也称 INNER JOIN。

从图 5-13 中可以看出，SQL Server 检查学生表中每条记录的学号，并将其与成绩表的学号列比较，发现两者相符时，将记录加进结果集中。

附：在 WHERE 子句中定义联接。

```
USE students
GO
SELECT 学生表.姓名,成绩表.课程代码,成绩表.成绩  FROM   学生表,成绩表
WHERE   学生表.学号=成绩表.学号
```

附：使用别名进行多表查询。

```
USE students
GO
SELECT s.姓名,g.课程代码,g.成绩 FROM  学生表 as s JOIN 成绩表  as g
ON s.学号=g.学号
```

提示： 使用了表的别名，将会进一步提高可读性。

【例 5-14】 显示参加考试学生的姓名、课程名称和成绩（三表查询）。

输入如下语句：

```
USE students
GO
SELECT 学生表.姓名,课程表.课程名称,成绩表.成绩 FROM  学生表 JOIN 成绩表
ON 学生表.学号=成绩表.学号 JOIN 课程表
ON 成绩表.课程代码=课程表.课程代码
```

查询结果如图 5-14 所示。

	姓名	课程名称	成绩
1	张三	数学	90
2	李想	数学	85
3	王明	数学	70
4	王小琳	数学	60
5	张三	英语	85
6	李想	英语	70
7	王明	英语	60
8	王小琳	英语	50

图 5-14 显示参加考试学生的姓名、课程名称和成绩

【例 5-15】 用右外连接显示所有学生的考试成绩，不管该生是否参加考试。

输入如下语句：

```
USE students
GO
SELECT 学生表.姓名,成绩表.课程代码,成绩表.成绩
FROM 成绩表 RIGHT  JOIN 学生表
ON 学生表.学号=成绩表.学号
```

查询结果如图 5-15 所示。

	姓名	课程代码	成绩
1	张三	01	90
2	张三	02	85
3	李想	01	85
4	李想	02	70
5	王明	01	70
6	王明	02	60
7	王小琳	01	60
8	王小琳	02	50
9	王五	NULL	NULL

例 5-15 用右外连接显示所有学生的考试成绩

5.2.4　使用 ORDER BY 排序

【例 5-16】　在成绩表中，查询成绩并对成绩进行升序排序。

输入如下语句：

```
USE    students
GO
SELECT  成绩  FROM  成绩表  ORDER BY  成绩
```

查询结果如图 5-16 所示。

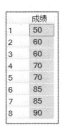

图 5-16　在成绩表中对成绩进行升序排序

【例 5-17】　在成绩表中，查询学号、课程代码和成绩，对学号进行升序排序，成绩进行降序排序。

输入如下语句：

```
USE students
GO
SELECT  学号,课程代码,成绩  FROM  成绩表
ORDER BY  学号  ASC,成绩  DESC
```

查询结果如图 5-17 所示。

	学号	课程代码	成绩
1	01	01	90
2	01	02	85
3	02	01	85
4	02	02	70
5	03	01	70
6	03	02	60
7	04	01	60
8	04	02	50

图 5-17　在成绩表中对学号进行升序排序，成绩进行降序排序

提示：ASC 是默认排序。可省略。

5.2.5　使用 HAVING 与 GROUP BY 分组查询

【例 5-18】　统计每门课程的平均分。

输入如下语句：

```
USE students
GO
SELECT  课程代码,AVG(成绩)  平均分
FROM  成绩表
GROUP BY  课程代码
```

查询结果如图 5-18 所示。

	课程代码	平均分
1	01	76
2	02	66

图 5-18　统计每门课程的平均分

【例 5-19】　统计平均分在 70 分以上的课程。
输入如下语句：

```
USE students
GO
SELECT  课程代码,AVG(成绩)  平均分
FROM  成绩表
GROUP BY  课程代码
HAVING AVG(成绩)>=70
```

查询结果如图 5-19 所示。

	课程代码	平均分
1	01	76

图 5-19　统计平均分在 70 分以上的课程

提示：HAVING 通常在 GROUP BY 子句中使用。如果不使用 GROUP BY 子句，则 HAVING 的行为与 WHERE 子句一样。

5.2.6　使用 TOP N 显示前 N 行

【例 5-20】　显示选修 01 号课程所有学生学号、成绩。
输入如下语句：

```
USE students
GO
SELECT  学号,课程代码,成绩  FROM  成绩表
WHERE  课程代码='01'
```

查询结果如图 5-20 所示。

	学号	课程代码	成绩
1	01	01	90
2	02	01	85
3	03	01	70
4	04	01	60

图 5-20 显示 01 号课程所有学生学号、成绩

【例 5-21】 显示选修 01 号课程成绩前 3 名学号、成绩。

输入如下语句：

```
USE students
GO
SELECT TOP 3 学号,课程代码,成绩 FROM 成绩表
WHERE 课程代码='01' ORDER BY 成绩 DESC
```

查询结果如图 5-21 所示。

	学号	课程代码	成绩
1	01	01	90
2	02	01	85
3	03	01	70

图 5-21 显示 01 号课程成绩前 3 名学号、成绩

5.2.7 使用 UNION 合并结果集

【例 5-22】 在成绩表中显示成绩编号 1～3 的成绩，6～8 的成绩。

输入如下语句：

```
SELECT  成绩编号,成绩 FROM 成绩表
GO
WHERE 成绩编号 BETWEEN 1 AND 3
UNION
SELECT  成绩编号,成绩 FROM 成绩表
WHERE 成绩编号 BETWEEN 6 AND 8
```

查询结果如图 5-22 所示。

	成绩编号	成绩
1	1	90
2	2	85
3	3	70
4	6	70
5	7	60
6	8	50

图 5-22 在成绩表中显示成绩编号 1～3 的成绩，6～8 的成绩

【例 5-23】 同时显示学号和姓名、课程名称和课程类型，并对姓名进行升序排序。

输入如下语句：

```
USE students
GO
SELECT  学号,姓名 FROM 学生表
UNION
SELECT 课程名称,课程类型 FROM 课程表
ORDER BY 姓名
```

查询结果如图 5-23 所示。

	学号	姓名
1	计算机基础	考查
2	英语	考查
3	数学	考试
4	02	李想
5	03	王明
6	05	王五
7	04	王小琳
8	01	张三

图 5-23　同时显示学号和姓名、课程名称和课程类型，并对姓名进行排序

5.2.8　子查询

【例 5-24】 查找张三同学考试成绩。

输入如下语句：

```
USE students
GO
SELECT  学号,成绩 FROM 成绩表
WHERE 学号 IN (SELECT 学号 FROM 学生表 WHERE 姓名='张三')
```

查询结果如图 5-24 所示。

	学号	成绩
1	01	90
2	01	85

图 5-24　查找张三同学考试成绩

【例 5-25】 查找成绩大于平均分的学生学号和成绩。

输入如下语句：

```
USE students
GO
SELECT 学号,成绩  FROM 成绩表
WHERE 成绩>(SELECT AVG(成绩) FROM 成绩表)
```

查询结果如图 5-25 所示。

	学号	成绩
1	01	90
2	02	85
3	01	85

图 5-25　查找成绩大于平均分的学生学号和成绩

【例 5-26】 查找参加考试学生名单。

输入如下语句：

```
USE students
GO
SELECT　姓名　FROM　学生表
WHERE EXISTS(SELECT * FROM　成绩表　WHERE　学生表.学号=成绩表.学号 )
```

查询结果如图 5-26 所示。

	姓名
1	张三
2	李想
3	王明
4	王小琳

图 5-26　查找参加考试学生名单

提示： EXISTS 指定一个子查询，测试行是否存在。

5.3　知识链接

5.3.1　基本查询语句语法

语法格式为：

```
SELECT 字段列表
FROM 表名
```

说明：

1）字段列表：输出的数据列。如果有多个数据列要输出,可以使用逗号分隔，若要输出所有列可以使用 *字符来代表。字段列表也可包含常量，以及根据基表中存储的值计算得到的值。这些结果集列被称为派生列。

2）如果想使列的名称增加可读性，可以为列指定别名，用同样方法也可以为派生列分配名称。使用列别名有 3 种方式：

- 列别名=列名。
- 列名 AS 列别名。
- 列名 列别名。

3）DISTINCT 关键字可从 SELECT 语句的结果中消除重复的行。

4）FROM 表名：从中查询数据的表或视图。

5.3.2　使用 WHERE 子句限制返回的行数语法

语法格式为：

> SELECT 字段列表
> FROM 表名
> WHERE 查询条件

说明：

WHERE 子句中的查询条件定义要返回的行应满足的条件。可以包括下列运算符：

- 比较运算符，如=、<>、< 和 >等。
- 范围运算符(BETWEEN 和 NOT BETWEEN)，指定测试范围。
- 列表运算符（IN 和 NOT IN），确定指定值是否与子查询或列表中的值相匹配。
- 模式匹配运算符（LIKE 和 NOT LIKE），用于将指定列与字符串进行匹配运算。详细介绍见任务 6。
- IS NULL 或 IS NOT NULL，确定指定的表达式是否为 NULL。
- AND、OR、NOT，AND 和 OR 用于连接 WHERE 子句中的搜索条件。NOT 用于反转搜索条件的结果。

5.3.3　多表查询语法

多表查询用于从两个或多个表中查找数据。数据库中的多个表之间一般存在某种内在联系，通过这种联系用户可从一个表查找另外一个表数据。

多表查询分为内联接、外联接和交叉联接。

1．内联接

内联接（INNER JOIN）是一种最常用的数据连接查询方式。内联接通过对两个表之间的公共列进行等值运算"="实现两个表之间的连接，仅当两个表中都至少有一个行符合联接条件时，内部联接才返回行，内部联接消除了与另一个表中的行不匹配的行。内联接有两种定义形式，分别是在 FROM 子句中定义联接，在 WHERE 子句中定义联接。

1）在 FROM 子句中定义内联接的语法格式：

> SELECT 数据表 1.字段 1, …,数据表 2.字段 1, …
> FROM 数据表 1　INNER JOIN　数据表 2
> ON 数据表 1.公共字段=数据表 2.公共字段

其中，公共字段一般是两个表的主键和外键。

2）在 WHERE 子句中定义内联接的语法格式：

> SELECT 数据表 1.字段 1, …,数据表 2.字段 1, …
> FROM 数据表 1,数据表 2
> WHERE 数据表 1.公共字段=数据表 2.公共字段

可以在 FROM 或 WHERE 子句中指定内部联接；而只能在 FROM 子句中指定外部联接 FROM 子句中指定联接条件，这是首选的方法。

2．外联接

外联接（OUTER JOIN）会返回 FROM 子句中提到的至少一个表或视图中的所有行，可以有如下 3 种。

1）RIGHT OUTER JOIN：返回所有匹配的行，以及 JOIN 从句右边表中所有不匹配的行，即返回引用的右表中的所有行。

2）LEFT OUTER JOIN：返回所有匹配的行，以及 JOIN 从句左边表中所有不匹配的行，即返回引用的左表中的所有行。

3）FULL OUTER JOIN：返回所有匹配的行，以及两边表中所有不匹配的行，即返回两个表中所有行。

3．交叉联接

交叉联接是指返回两个表的笛卡尔积作为查询结果的联接方式。返回两个表中行的所有组合。交叉联接实际使用意义不大。

交叉联接语法格式为：

```
SELECT  数据表 1.字段 1, …,数据表 2.字段 1, …
FROM  数据表 1,数据表 2
```

或

```
SELECT  数据表 1.字段 1, …,数据表 2.字段 1, …FROM  数据表 1   CROSS JOIN   数据表 2
```

4．表别名

使用 SELECT 语句进行数据查询时，可以使用别名。以提高 SELECT 语句的可读性。分配表别名时，可以使用 AS 关键字，也可以不使用：

```
表名  AS   表别名
表名   表别名
```

如果为表分配了别名，那么 Transact-SQL 语句中对该表的所有显式引用都必须使用别名，而不能使用表名。否则 SELECT 语句将产生语法错误。

5.3.4   使用 ORDER BY 子句排序语法

ORDER BY 子句按一列或多列对查询结果进行排序。

语法格式为：

```
ORDER BY   字段列表[ ASC | DESC ]
```

说明：

1）字段列表：指定要排序的列。可以将排序列指定为一个名称或列别名。

2）可指定多个排序列，先按第 1 个列排序，再按第 2 个列排序。

3）可包含未显示在选择列表中的项。但是，如果已指定了 SELECT DISTINCT 或该语句包含 GROUP BY 子句，或者 SELECT 语句包含 UNION 运算符，则排序列必须显示在选择列表中。

4）ASC 指定按升序，从最低值到最高值对指定列中的值进行排序。ASC 是默认排序。

5）DESC 指定按降序，从最高值到最低值对指定列中的值进行排序。

6）空值被视为最低的可能值。

5.3.5　使用 HAVING 与 GROUP BY 子句分组查询语法

GROUP BY 子句根据分组字段列中的值将结果集分成组，可以对查询结果进行分组统计查询，通常与统计函数在一起。HAVING 子句用于对分组后的数据设定查询条件。

语法格式为：

```
GROUP BY 分组字段
[ HAVING 查询条件]
```

说明：

1）GROUP BY 子句根据分组字段中的值将结果集分成组。例如，在 students 数据库的成绩表中，可按课程代码字段将课程分成两组：01 组和 02 组。分组字段可以是 FROM 子句中表或视图的列，这些列也可不显示在 SELECT 列表中。

2）GROUP BY 和统计函数在一起，可以在查询结果集中显示汇总信息。统计函数主要包括如下几个。

● AVG：返回指定列的平均值。

● MIN 与 MAX：返回指定列最大和最小的数值。

● SUM：返回指定列所有值的总和。

● COUNT：返回满足查询条件的行数。

3）SELECT 列表中任何非聚合表达式中的每个表列或视图列都必须包括在 GROUP BY 列表中。

4）执行任何分组操作之前，不满足 WHERE 子句中条件的行将被删除。

5）HAVING 子句通常用来筛选 GROUP BY 子句结果集内的组。

6）HAVING 子句也可没有。

7）HAVING 与 WHERE 的区别是，HAVING 能使用统计函数，而 WHERE 只能限制 SELECT 语句显示的内容，不能使用统计函数。

5.3.6　使用 TOP N 子句显示前 N 行语法

其语法格式为：

```
TOP N [PERCENT]
```

说明：

1）指定查询结果中将只返回某一数量的行也可以是某一百分比数量的行。TOP 表达式可用在 SELECT、INSERT、UPDATE、和 DELETE 语句中。

2）N 指定返回行数的数值表达式。如果指定了 PERCENT，则 N 将隐式转换为 float 值；否则，它将转换为 bigint。

3）PERCENT 指示查询只返回结果集中前 N%的行。

5.3.7　使用 UNION 合并子句语法

使用 UNION 子句又称为联合查询，它可以将两个或多个查询结果合并为一个结果显示。将两个或更多查询的结果合并为单个结果集，该结果集包含联合查询中的所有查询的全部行。UNION 运算不同于使用联接合并两个表中的列的运算。

使用 UNION 关键字时需要注意的几个问题：

1）两者在进行数据集合并时，每一个结果集需要有相同数目的列，列的顺序也必须相同。

2）两者在进行数据集合并时，必须要有兼容的数据类型。

3）两者在数据集合并时，会以第一个数据集的数据列名称为主。

4）UNION ALL 将全部行并入结果中。其中包括重复行。如果未指定该参数，则删除重复行。

5）使用 UNION 运算符进行联合查询时，每个 SELECT 语句本身不能包含 ORDER BY 子句，只能在最后使用一个 ORDER BY 子句对结果集进行排序，且必须使用第一个 SELECT 中的列名。

5.3.8　子查询概述

子查询就是将 SELECT 语句，放置在另一个 SELECT、INSERT、UPDATE 与 DELETE 的语句之中，或是另一个子查询之中。子查询也称为内部查询，而包含子查询的语句也称为外部查询。一般而言，子查询大多可使用多表联接进行改写。

使用子查询的目的，就是当面临复杂的查询或过多联接表时，凭借子查询可以将复杂的查询分解成一系列步骤，一般而言，子查询将结果输出，当成另外一个查询使用的数据。

子查询使用时要注意：使用括号（）将子查询的 SELECT 语句括住，子查询可包含在另一个子查询中。但不可超过 32 层。如果某个表只出现在子查询中，而没有出现在外部查询中，那么该表中的列就无法包含在输出（外部查询的选择列表）中。

任何允许使用表达式的地方都可以使用子查询。本任务主要讲述 WHERE 子句中子查询的运用。在 WHERE 条件使用的子查询中，实质是将子查询的查询结果作为外部 WHERE 子句的条件输入。

有 3 种基本的子查询。它们是：

1）通过 IN 或由 NOT IN 引入的子查询。

通过 IN（或 NOT IN）引入的子查询结果是包含零个值或多个值的列表。子查询返回结果之后，外部查询将利用这些结果。

2）通过比较运算符引入的子查询。

由比较运算符引入的子查询必须返回单个值而不是值列表。如果这样的子查询返回多个值，SQL Server 将显示一条错误信息。

3）通过 EXISTS 引入的存在测试。

使用 EXISTS 关键字引入子查询后，子查询的作用就相当于进行存在测试。外部查询的 WHERE 子句测试子查询返回的行是否存在。子查询实际上不产生任何数据，它只返回

TRUE 或 FALSE 值。

注意，使用 EXISTS 引入的子查询与其他子查询略有不同：EXISTS 关键字前面没有列名、常量或其他表达式，由 EXISTS 引入的子查询的选择列表通常几乎都是由星号（*）组成。由于只是测试是否存在符合子查询中指定条件的行，因此不必列出列名。

5.3.9 SELECT 语句结构

SELECT 从数据库中检索行，并允许从一个或多个表中选择一个或多个行或列。虽然 SELECT 语句的完整语法较复杂，但是它的主要子句可归纳如下：

```
SELECT select_list
[INTO new_table_name]
[FROM table_list]
[ WHERE search_conditions ]
[ GROUP BY group_by_list ]
[ HAVING search_conditions ]
[ ORDER BY order_list [ ASC | DESC ] ]
```

（1）select_list

select_list 描述结果集的列。它是一个逗号分隔的表达式列表。通常，每个选择列表表达式都是对数据所在的源表或视图中的列的引用，但也可能是对任何其他表达式（如常量或 Transact-SQL 函数）的引用。在选择列表中使用 * 表达式可指定返回源表的所有列。

（2）INTO new_table_name

该语句指定使用结果集来创建新表。new_table_name 指定新表的名称。

（3）FROM table_list

该语句包含从中检索到结果集数据的表的列表。这些来源可以是：

● 运行 SQL Server 的本地服务器中的基表。

● 本地 SQL Server 实例中的视图。

（4）WHERE search_conditions

WHERE 子句是一个筛选，它定义了源表中的行要满足 SELECT 语句的要求所必须达到的条件。只有符合条件的行才向结果集提供数据。不符合条件的行，其中的数据将不被采用。

（5）GROUP BY group_by_list

GROUP BY 子句根据 group_by_list 列中的值将结果集分成组。

（6）HAVING search_conditions

HAVING 子句是应用于结果集的附加筛选。从逻辑上讲，HAVING 子句是从应用了任何 FROM、WHERE 或 GROUP BY 子句的 SELECT 语句而生成的中间结果集中筛选行。尽管 HAVING 子句前并不是必须要有 GROUP BY 子句，但 HAVING 子句通常与 GROUP BY 子句一起使用。

（7）ORDER BY order_list[ASC | DESC]

ORDER BY 子句定义了结果集中行的排序顺序。order_list 指定组成排序列表的结果集列。关键字 ASC 和 DESC 用于指定排序行的排列顺序是升序还是降序。

ORDER BY 之所以重要，是因为关系理论规定除非已经指定 ORDER BY，否则不能假设结果集中的行带有任何序列。如果结果集行的顺序对于 SELECT 语句来说很重要，那么在该语句中就必须使用 ORDER BY 子句。

SELECT 语句中的子句必须以适当顺序指定。

以下显示 SELECT 语句子句的处理顺序。

```
FROM
ON
JOIN
WHERE
GROUP BY
HAVING
SELECT
DISTINCT
ORDER BY
TOP
```

5.4 小结

了解 SELECT 查询语句是学习好数据库的一个重要内容。本任务介绍的主要内容有：

1）使用基本的 SELECT 从一个表中取得若干列数据。

2）使用 WHERE 限制返回的结果集。

3）使用 JOIN 子句从多个表查询所需数据。

4）使用 ORDER BY 对结果集的值进行排序，如升序或者降序。

5）使用 GROUP BY 分组统计数据。

6）使用 TOP N 对结果集数据显示前 N 行。

7）使用 UNION 对多个结果集放在一起显示。

8）使用子查询将复杂的查询，分解成几个简单的查询。

5.5 习题

以下各题以 sales 数据库产品表、客户表和订单表为示例，查找数据。

1. 使用基本查询语句。

1）查找所有产品的详细信息。

2）查找所有客户姓名和联系电话。

3）查找已下订单的客户号。

4）查找销售量平均值，并在结果集中添加列名"销售量平均值"。

2. 使用 WHERE 语句限制返回行。

1）查找客户号为 1 的订单信息。

2）查找库存量在 20 到 30 之间的产品。

3）查找产品号为 1,2,3 的产品信息。

4）查找库存量小于 10 的产品。

5）查找姓刘的客户。

6）查找客户邮编中第 2 个数字是 0 的客户姓名。

3．使用 JOIN 子句进行多表查询。

1）查询每个订单的客户姓名和联系电话。

2）查询每个订单的客户姓名和所订的产品名称。

3）查询所有产品的每笔订单销量。

4．使用 ORDER BY 排序。

1）查询产品库存量，并对库存量升序排列。

2）查询所有订单销量，并对销量降序排列，在销量相同情况下，订单号升序排列。

5．使用 TOP N 显示前 N 行。

1）查询库存量最低的产品。

2）查询前 50%客户。

6．使用 HAVING 与 GROUP BY 分组查询。

1）统计每个产品的销量。

2）统计销量在 5 个以上的产品。

7．使用 UNION 合并结果集。

1）查找订单编号 1～5 和订单编号 3～5 的订单信息。

2）查找订单编号 1～5 和订单编号 3～5 的订单信息。不消除重复值。

8．子查询。

1）查找订单号为 1 的客户姓名。

2）查找大于平均销量的订单。

3）查找下了订单的产品。

任务6　T–SQL 程序设计

6.1　任务提出

6.1.1　任务背景

SQL Server 程序设计是学习 SQL Server 数据库的一个重要环节，它对以后的程序开发起着决定性的作用。本任务从最简单的 T-SQL 的语法入手，介绍 T-SQL 进行程序设计的一些基础知识。

6.1.2　任务描述

本任务将会介绍 SQL Server 2008 数据库专用语言的编写与执行方式。

本任务主要包括以下内容：

- SQL 语言组成要素。
- 命名 SQL Server 对象的规则。
- 数据类型的使用。
- 常量和变量的应用。
- 函数的使用。
- 运算符和表达式的使用。
- 通配符的使用。
- 流程控制语言。
- 批处理的使用。
- 注释的使用。

6.2　任务实施与拓展

6.2.1　标识符的使用

【例 6-1】　建立含有保留字的对象。

```
USE students
GO
--建立含有保留字的对象
CREATE TABLE [TABLE]
( ID INT)
```

```
GO
```

【例 6-2】 查询含有空格的对象。

```
USE students
GO
--查询含有空格的对象
SELECT * FROM [MY TABLE]
GO
```

【例 6-3】 以 4 个节点的方式指定对象名称。

```
--指明四部分的名称
USE students
SELECT * FROM    .students.DBO.学生表
--省略服务器名称
USE students
SELECT * FROM students.DBO.学生表
--省略服务器与数据库名称
USE students
SELECT * FROM DBO.学生表
--省略服务器、数据库与架构名称
USE students
SELECT * FROM  学生表
```

6.2.2 变量的使用

【例 6-4】 变量的声明、赋值和打印输出。

```
USE students
GO
--使用 SET 赋值
DECLARE  @grade  int
SET @GRADE =1
PRINT @GRADE
--使用 SELECT 赋值
DECLARE  @grade  int
SELECT @GRADE =1
PRINT @GRADE
--使用 SELECT 输出
DECLARE  @grade  int
SET @GRADE =1
SELECT   @GRADE
```

【例 6-5】 使用 SELECT 命令将表中的查询结果赋值给变量。

```
--将成绩表中最高分指定给变量，并将其输出
USE students
GO
```

```
DECLARE @grade int
SELECT @grade = MAX(成绩)
FROM 成绩表
print @grade
--结果
90
```

【例6-6】 在查询语句中使用由 SET 赋值的局部变量对数据进行检索，查询01 号学生的成绩。

```
--查询 01 号学生的成绩
USE students
GO
DECLARE @ID INT
SET @ID='01'
SELECT * FROM 成绩表
WHERE 学号=@ID
```

查询结果如图 6-1 所示。

	成绩编号	学号	课程代码	成绩
1	1	01	01	90
2	5	01	02	85

图 6-1 在查询语句中使用由 SET 赋值的局部变量

6.2.3 函数的使用

【例6-7】 字符串函数的使用。

```
--传回指定的 ASCII 代码值
SELECT ASCII('a')  as  a
--结果为:
97
--计算字符串长度
SELECT LEN('hello')as 字数
--结果为:
5
--移除字符串左边的空格
DECLARE @STR  VARCHAR(25)
SET @STR='      张阳'
SELECT  LTRIM(@STR)
--结果为:
张阳
--将数值类型数据转换成字符类型数据
SELECT STR(123.45,6,1)
--结果为
123.5
```

【例6-8】 日期和时间函数的使用。

```
--传回系统目前的日期和时间
SELECT GETDATE()
--结果
2013-1-30 11:45:37.387
--返回当前日期的年份
SELECT YEAR(GETDATE())
--结果
2013
```

【例6-9】 数学函数的使用。

```
--返回绝对值
SELECT ABS(-9) as 绝对值
--结果
9
----返回一个数值，舍入到指定的长度或精度
SELECT ROUND(123.45,1)
--结果
123.50
SELECT ROUND(748.58, -1)
--结果为
750.00
```

提示：-1 则将数值小数点左边部分舍入到指定的长度。

【例6-10】 配置函数的使用。

```
--返回实例的版本信息
SELECT @@VERSION
--结果
Microsoft SQL Server 2008 R2 (RTM) - 10.50.1600.1 (Intel X86) …
--返回本地服务器名称
SELECT @@SERVERNAME
--结果
YU-PC
```

【例6-11】 其他常用函数。

```
--转换日期时间为字符串
SELECT CONVERT(varchar(30),getdate())
--结果
1 31 2013 12:03PM
--利用 CONVERT 转换带小数的数据为整型
SELECT CONVERT(int,35.4)
--结果为
35
--返回上一个语句影响的数据行行数
```

```
SELECT * FROM 学生表
SELECT @@ROWCOUNT
```

结果如图 6-2 所示。

	学号	姓名	出生日期	性别	家庭地址	联系电话
1	01	张三	1994-03-03 00:00:00	男	天津市南开区	12345678
2	02	李想	1994-04-04 00:00:00	男	北京市海淀区	23456789
3	03	王明	1994-05-05 00:00:00	男	上海市黄浦区	34567890
4	04	王小琳	1994-06-06 00:00:00	女	重庆市江北区	45678901
5	05	王五	1995-05-05 00:00:00	女	广东省深圳市	56789012

	(无列名)
1	5

图 6-2　ROWCOUNT 函数使用

6.2.4　运算符和表达式的使用

【例 6-12】 算术运算符与字符串运算符的使用，结果见图 6-3 和 6-4 所示。

```
--算术运算符使用
SELECT 100+1 as 两数相加,100-1 as 两数相减
```

结果　消息

	两数相加	两数相减
1	101	99

图 6-3　算术运算符的使用

```
--字符串串联运算符
SELECT '学号为：　'+学号　 FROM 学生表
```

	(无列名)
1	学号为：01
2	学号为：02
3	学号为：03
4	学号为：04
5	学号为：05

图 6-4　字符串串联运算符使用

6.2.5　T-SQL 流程控制语言的使用

【例 6-13】 利用变量判断数据库学生表的行数，输出显示学生数是否大于 1 万人。

```
USE students
DECLARE @I INT
SET @I=(SELECT COUNT(*) FROM 学生表)
IF @I>=10000
PRINT '学生人数大于 1 万人'
ELSE
```

```
PRINT '学生人数小于 1 万人'
--结果
学生人数小于 1 万人
```

【例 6-14】 检索成绩表，判断是否有不及格的成绩，如果存在，将所有成绩加 2 分，直到所有成绩都及格。（为了不破坏原表数据，先将"成绩表"数据放到"成绩表练习"中，在"成绩表练习"中进行数据修改。）

```
USE students
GO
--生成成绩表练习
SELECT * INTO 成绩表练习 FROM 成绩表
--判断是否有不及格
WHILE EXISTS(SELECT * FROM 成绩表练习 WHERE 成绩<60)
--如有不及格加 2 分
BEGIN
UPDATE 成绩表练习 SET 成绩=成绩+2
END
--显示成绩表练习中数据
SELECT * FROM 成绩表练习
```

结果如图 6-5 所示。

	成绩编号	学号	课程代码	成绩
1	1	01	01	100
2	2	02	01	95
3	3	03	01	80
4	4	04	01	70
5	5	01	02	95
6	6	02	02	80
7	7	03	02	70
8	8	04	02	60

图 6-5　利用循环语句修改成绩表内容

提示：EXISTS 指定一个子查询，测试行是否存在。如果子查询包含任何行，则返回 TRUE。

【例 6-15】 利用 CASE 方式，将学生表的性别值转换为"男生"或"女生"，运行结果如图 6-6 所示。

```
USE students
SELECT 学号,姓名,
        CASE 性别 WHEN '男' THEN '男生'
                  WHEN '女' THEN '女生'
                  ELSE '不知道'
        END   AS 性别
FROM 学生表
```

结果如图 6-6 所示。

	学号	姓名	(无列名)
1	01	张三	男生
2	02	李想	男生
3	03	王明	男生
4	04	王小琳	女生
5	05	王五	女生

图 6-6　利用 CASE 方式，将性别改为男生或女生

【例 6-16】 利用 CASE 方式，将成绩表的成绩值转换为 A～E 共 5 个等级，运行结果如图 6-7 所示。

```
SELECT    学号,成绩,成绩等级 =
        CASE
            WHEN  成绩>=90 THEN 'A'
            WHEN  成绩>=80 and  成绩<90    THEN 'B'
            WHEN  成绩>=70 and  成绩<80    THEN 'C'
            WHEN  成绩>=60 and  成绩<70    THEN 'D'
            ELSE 'E'
        END
FROM  成绩表
GO
```

结果　消息

	学号	成绩	成绩等级
1	01	90	A
2	02	85	B
3	03	70	C
4	04	60	D
5	01	85	B
6	02	70	C
7	03	60	D
8	04	50	E

图 6-7　利用 CASE 方式，将输出的成绩转换为 A～E 等级

6.2.6　批处理的使用

【例 6-17】 批处理规则举例。

输入如下语句：

```
--正确的批处理
USE students
GO
--下面为创建视图，视图有关内容参照任务 8 视图
CREATE VIEW  男生
AS
SELECT * FROM  学生表  WHERE  性别='男'
GO
SELECT * FROM  男生
```

运行结果见 6-8 所示。

	学号	姓名	出生日期	性别	家庭地址	联系电话
1	01	张三	1994-03-03 00:00:00	男	天津市南开区	12345678
2	02	李想	1994-04-04 00:00:00	男	北京市海淀区	23456789
3	03	王明	1994-05-05 00:00:00	男	上海市黄浦区	34567890

图 6-8 男生视图

```
--错误的批处理
USE students
CREATE VIEW 男生
AS
SELECT * FROM 学生表 WHERE 性别='男'
SELECT * FROM 男生
--结果
'CREATE VIEW' 必须是查询批次中的第一个语句。
```

【例 6-18】 运行下列代码，找出错误，并改正。

```
--变量不可跨越批次
DECLARE  @GRADE  INT
SET @GRADE =1
GO
PRINT @GRADE
```

应改为：

```
DECLARE  @GRADE  INT
SET @GRADE =1
PRINT @GRADE
```

6.2.7 EXEC、WAITFOR、RETURN、@@ERROR 和 TRY…CATCH 语句的使用

1. EXEC 语句使用

【例 6-19】 执行存储过程（参见任务 7 存储过程和触发器）。

```
--创建存储过程
USE students
GO
CREATE PROC SP_学生成绩查询
AS
SELECT 学生表.学号,学生表.姓名,课程表.课程名称,
成绩表.成绩 FROM 学生表,课程表,成绩表
WHERE 学生表.学号=成绩表.学号 AND
课程表.课程代码=成绩表.课程代码
GO
--执行存储过程
EXEC SP_学生成绩查询
GO
```

运行结果见图 6-9 所示。

	学号	姓名	课程名称	成绩
1	01	张三	数学	90
2	02	李想	数学	85
3	03	王明	数学	70
4	04	王小琳	数学	60
5	01	张三	英语	85
6	02	李想	英语	70
7	03	王明	英语	60
8	04	王小琳	英语	50

图 6-9 执行存储过程结果

2. WAITFOR 语句的使用

如果在执行程序过程中需要暂停，以便让应用程序等待某些背景程序执行完毕，可在程序中加入 WAITFOR DELAY 强迫 T-SQL 必须等待指定的时间。

【例 6-20】 以下示例使用 WAITFOR 语句，指定在执行查询语句之前等 10s。

```
--查询现在时间
SELECT GETDATE()
--等待 10s
WAITFOR DELAY '00:00:10'
--查询行数
select COUNT(*) from  学生表
--查询等待后时间
SELECT GETDATE()
```

运行结果如图 6-10 所示。

图 6-10 WAITFOR 语句的使用

3. RETURN 语句的使用

如果程序在执行过程中，需要无条件中断语句的执行，可以使用 RETURN 语句。它可在任何时候用于从过程、批处理或语句块中退出。RETURN 之后的语句是不执行的。

【例 6-21】 以下示例显示 RETURN 语句的使用。

```
SELECT 1
RETURN
SELECT 2
--结果
1
```

4．@@ERROR 语句的使用

当执行 T-SQL 语句时，由于数据库端的问题会引发错误，该类错误可由@@ERROR 语句获取。@@ERROR 语句返回执行的上一个 T-SQL 语句的错误号。如果前一个 T-SQL 语句执行没有错误，则返回 0。由于 @@ERROR 在每一条语句执行后被清除并且重置，因此应在语句验证后立即查看它，或将其保存到一个局部变量中以备以后查看。

【例 6-22】 测试使用@@ERROR 获取错误消息。

```
DECLARE @a INT
SET @a=1
SELECT 100/@a
PRINT @@ERROR
--运行结果
(1 行受影响)
0
DECLARE @a INT
SET @a=0
SELECT 100/@a
PRINT @@ERROR
--运行结果
消息 8134，级别 16，状态 1，第 3 行
遇到以零作除数错误。
8134
```

5．TRY…CATCH 语句的使用

T-SQL 代码中的错误可使用 TRY…CATCH 构造处理，此功能类似于 Microsoft Visual C++和 Microsoft Visual C# 语言的异常处理功能。TRY…CATCH 构造包括两部分：一个 TRY 块和一个 CATCH 块。如果在 TRY 块内的 T-SQL 语句中检测到错误条件，则控制将被传递到 CATCH 块（可在此块中处理此错误）。

【例 6-23】 测试使用 TRY…CATCH。

```
BEGIN TRY
    DECLARE @I INT
    SET @I=0
    SELECT 100/@I
END TRY
BEGIN CATCH
    PRINT @@ERROR
END CATCH
--结果
(0 行受影响)
8134
```

6.2.8 注释的使用

【例 6-24】 单行注释标记方式。

```
-- 从学生表中选择所有行所有列
SELECT *
FROM  学生表
ORDER BY   学号  ASC -- 我们不用指定升序
-- 因为它是默认的排序方式
GO
```

【例 6-25】 多行注释示例。

```
/* 从学生表中选择所有行所有列
我们不用指定升序，因为它是默认的排序方式
*/
SELECT *
FROM 学生表
ORDER BY   学号  ASC
GO
```

6.3 知识链接

6.3.1 SQL 语言组成要素

1．数据定义语言（DDL）

一般在定义数据库对象时使用，例如数据表、数据库和存储过程等的创建、更改和删除。

第 1 种 DDL 是 CREATE，可用来定义所有的数据库对象。

第 2 种 DDL 是 ALTER，可用来所修改已经存在的数据库对象。

第 3 种 DDL 是 DROP，可用来移除数据库对象。

2．数据操纵语言（DML）

该类型语言针对的对象是数据库中的"数据"。该类语言主要可以分成新增数据、修改数据、删除数据与查询数据等操作。

第 1 种是 INSERT INTO 新增数据。

第 2 种是 UPDATE 修改数据。

第 3 种是 DELETE 删除数据。

第 4 种是 SELECT 查询数据。

3．数据控制语言（DLC）

该类型语言主要是确保数据库的数据是否能够按照权限的设置正确存取（见任务 9 安全性管理）。

第 1 种是 GRANT 授予指令。

第 2 种是 DENY 拒绝指令。

第 3 种是 REVOKE 移除指令。

6.3.2 命名 SQL Server 对象的规则

1. 标识符

数据库对象的名称即为标识符。Microsoft SQL Server 中的所有内容都可以有标识符。服务器、数据库和数据库对象（例如表、视图、列、索引、触发器、过程、约束及规则等）都可以有标识符。大多数对象要求有标识符，但对有些对象（例如约束），标识符是可选的。对象标识符是在定义对象时创建的。标识符随后用于引用该对象。

定义有效的标识符命名规则如下。

1）第一个字符必须是下列字符之一：

- Unicode 标准 3.2 所定义的字母。Unicode 中定义的字母包括拉丁字符 a～z 和 A～Z，以及来自其他语言的字母字符。
- 下画线（_）、at 符号（@）或数字符号（#）。

在 SQL Server 中，某些位于标识符开头位置的符号具有特殊意义。以@开头的常规标识符始终表示局部变量或参数，不能用做任何其他的对象的名称。以一个数字符号开头的标识符表示临时表或过程，以两个数字符号（##）开头的标识符表示全局临时对象。虽然数字符号或两个数字符号字符可用做其他类型对象名的开头，但是建议不要这样做。某些 T-SQL 函数的名称以两个 at 符号（@@）开头。为了避免与这些函数混淆，不应使用以 @@ 开头的名称。

2）后续字符可以包括：

- Unicode 标准 3.2 中所定义的字母。
- 基本拉丁字符或其他国家/地区字符中的十进制数字。
- at 符号（@）、美元符号（$）、数字符号或下划线。

3）标识符一定不能是 T-SQL 保留字。SQL Server 可以保留大写形式和小写形式的保留字。

4）不允许嵌入空格或其他特殊字符。

5）不允许使用增补字符。

尽管这些规则定义了有效标识符，但 SQL Server 对象也可以不用这些有效的标识符。如果字符串不是有效标识符，则应包含在双引号（"）或者方括号（[ ]）内。

2. 引用对象

除非另外指定，SQL Server 2008 数据库对象，使用的是 4 个节点的方式指定对象名称，方式如下：

服务器名称.数据库名称.架构名称.对象名称

架构是对象的容器。任何用户都可以拥有架构（参见任务 9 安全性管理）。

例如，假设服务器名为 MYSERVER 包含数据库 students，其中的学生表属于 dbo 架构，这个对象的完全名称应为：

MYSERVER.students. dbo.学生表

不必总是指定服务器、数据库和架构标识该对象。当不指定时，使用默认设置。即本地服务器、当前数据库和提交该语句的用户的默认架构。如果没有进行其他配置，则新用户的默认架构为 dbo 架构。

3．保留字

Microsoft SQL Server 保留了一些专用的关键字。例如，在 SQL Server 代码编辑器中使用 Transact-SQL 的 SELECT 关键字通知 SQL Server 对数据表中数据进行查询。数据库中对象的名称不能与保留关键字相同。如果存在这样的名称，必须始终使用分隔标识符来引用对象。尽管此方法允许使用那些名称为保留字的对象，但仍建议不要使用与保留字相同的名称命名任何数据库对象。

6.3.3　数据类型

SQL Server 中存放的每种数据（字符串、整数等）都有数据类型定义，为对象分配数据类型时可以为对象定义 4 个属性：

1）对象包含的数据种类。

2）所存储值的长度或大小。数字数据类型的长度是存储此数所占用的字节数。字符串或 Unicode 数据类型的长度是字符个数。binary、varbinary 和 image 数据类型的长度是字节数。例如，int 数据类型可以有 10 位数，用 4 个字节存储，不接受小数点。

3）数值的精度（仅适用于数字数据类型）。精度是数字中的数字个数。

4）数值的小数位数（仅适用于数字数据类型）。小数位数是数中小数点右边的数字个数。例如，数 123.45 的精度是 5，小数位数是 2。

有关数据种类、数值长度、数值精度和小数位数的详细信息，请参阅任务 3 中数据类型。

如果算术运算符有两个相同类型的表达式，结果就为该数据类型，并且具有对此类型定义的精度和小数位数。如果运算符有两个不同数字数据类型的表达式，则由数据类型优先级决定结果的数据类型。结果具有为该数据类型定义的精度和小数位数。

当两个 char、varchar、binary 或 varbinary 表达式串联时，所生成表达式的长度是两个源表达式长度之和，或是 8,000 字符，以二者中少者计。

当两个 nchar 或 nvarchar 表达式串联时，所生成表达式的长度是两个源表达式长度之和，或是 4,000 字符，以二者中少者计。

6.3.4　常量和变量

1．常量

常量是表示一个特定数据值的符号。常量的格式取决于它所表示的值的数据类型。常量包含字符串常量、日期时间常量、整型常量和 decimal 常量等。

- 字符串常量：括在单引号内并包含字母数字字符（a~z、A~Z 和 0~9）以及特殊字符，如感叹号（!）、at 符号（@）和数字符号（#）。如果单引号中的字符串包含一个嵌入的引号，可以使用两个单引号表示嵌入的单引号。如'O''Brien'表示字符串 O'Brien。空字符串用中间没有任何字符的两个单引号表示。

- 日期时间常量：使用特定格式的字符日期值来表示，并被单引号括起来。如'1998-02-23'，'14:23:05'等。

- 整型常量：以没有用引号括起来并且不包含小数点的数字字符串来表示。如 2。

- 精确数值常量：由没有用引号括起来并且包含小数点的数字字符串来表示。如 2.0。

- float 和 real 常量：float 和 real 常量使用科学记数法来表示。如 101.5E5。
- money 常量：money 常量以前缀为可选的小数点和可选的货币符号的数字字符串来表示。money 常量不使用引号括起。如$542023.14。

若要指示一个数是正数还是负数，则对数值常量应用 + 或 − 一元运算符。这将创建一个表示有符号数字值的表达式。如果没有应用 + 或 − 一元运算符，数值常量将使用正数。如+145345234、−2147483648。

2．局部变量

T-SQL 使用局部变量保存单个特定类型数据值。用户自定义的 T-SQL 局部变量通常用于作为计数器计算循环执行的次数或控制循环执行的次数；保存数据值以供控制流语句测试；保存存储过程返回代码。局部变量的生命周期，从声明开始，到声明局部变量的批处理或存储过程的结尾。

某些 T-SQL 系统函数的名称以两个 at 符号 (@@) 打头。虽然在 Microsoft SQL Server 的早期版本中，@@functions 被称为全局变量，但它们不是变量，也不具备变量的行为。@@functions 是系统函数，它们的语法遵循函数的规则。

（1）声明 T-SQL 变量

DECLARE 语句通过以下操作初始化 T-SQL 变量：

- 指定名称。名称的第一个字符必须为一个 @。
- 指定系统提供的或用户定义的数据类型和长度。
- 将值设置为 NULL。

例如，下面的 DECLARE 语句使用 int 数据类型创建名为 @mycounter 的局部变量：

```
DECLARE @MyCounter int;
```

若要声明多个局部变量，则在定义的第一个局部变量后使用一个逗号，然后指定下一个局部变量名称和数据类型。

例如，下面的 DECLARE 语句创建了名为 @a、@b 和 @c 的 3 个局部变量，并将每个变量都初始化为 NULL：

```
DECLARE @a nvarchar(30), @b nvarchar(20), @c nchar(2);
```

（2）为 T-SQL 变量设置值

第一次声明变量时，其值设置为 NULL。若要为变量赋值，则使用 SET 语句。这是为变量赋值的首选方法。也可以通过 SELECT 语句的选择列表中当前所引用值为变量赋值。

例如，下面的批处理声明一个变量、为它赋值并在 SELECT 语句的 WHERE 子句中予以使用：

```
USE students
GO
DECLARE @NAME CHAR(8)
SET @NAME='张三'
SELECT 姓名,出生日期 FROM 学生表 WHERE 姓名=@NAME
```

变量也可以通过选择列表中当前所引用的值赋值。如果在选择列表中引用变量，

SELECT 语句应仅返回一行。例如：

```
USE students
GO
DECLARE @MYMAX SMALLINT
SELECT @MYMAX=MAX(成绩)FROM 成绩表
GO
```

（3）变量的显示

可以使用 PRINT 输出变量的值，也可以使用 SELECT 输出变量的值。如果使用 PRINT 语句，则是以消息的方式返回值，如果使用 SELECT 语句，则是以数据集的方式返回，两者有所不同。

6.3.5 函数

T-SQL 语言提供许多系统函数，这些函数可以缩短开发的时间。数据库端的函数分为系统内建函数和用户自定义函数两大类，本任务将着重介绍系统内建函数的使用。

要查看 SQL Server 2008 所提供的所有内置函数，可以从 SSMS 的"对象资源管理器"中选择数据库，然后从"可编程性"→"函数"的"系统函数"节点中，可以看到所有根据分类的系统函数，如图 6-11 所示。

图 6-11　根据分类的系统函数

指定函数时应始终带上括号，即使没有参数也是如此。下面列出了几种 SQL Server 函数的类别。

● 聚合函数：聚合函数对一组值执行计算，并返回单个值。除了 COUNT 以外，聚合函数都会忽略空值。聚合函数经常与 SELECT 语句的 GROUP BY 子句一起使用。例如，COUNT、SUM、MIN 和 MAX。

● 配置函数：可返回有关配置设置的信息。例如，SQL Server 版本、服务器名称、实例名称等。这些函数的表示方式都是以"@@"加上指定的名称进行显示的。例如，

@@VERSION，返回当前的 SQL Server 安装的版本、处理器体系结构、生成日期和操作系统。

- 日期和时间函数：数据库在处理日期和时间的过程中，提供多种函数。如返回日期时间值的某天、某月和某年份等。
- 数学函数：在 SQL Server 2008 中提供了许多数学运算函数。如求数值型数据的绝对值，求四舍五入后的结果等。
- 字符串函数：在编写 T-SQL 程序过程中，最常使用的是字符串函数。例如计算字符串长度，删除字符串两侧的空格，将字符串进行大小写转换等。
- 其他常用函数：T-SQL 除了上述提供的函数以外，还有许多其他重要的系统函数。如数据类型之间的转换函数等。

6.3.6 运算符和表达式

运算符是一种符号，用来指定要在一个或多个表达式中执行的操作。针对数据运算，SQL Server 支持多种运算符，以帮助数据处理。常用运算符见表 6-1。

表 6-1 常用运算符

运 算 符	
算术运算符	+数字相加 -数字相减 *数字相乘 /数字相除等
一元运算符	+（正）、-（负）
比较运算符	<、<=、>、>=、=、<>
字符串连接运算符	+将字符串进行连接
逻辑运算符	AND 两个都是 TRUE 结果是 TURE BETWEEN 操作数在范围内就是 TRUE EXISTS 如果子查询包含任何行，就是 TRUE IN 如果操作数等于 IN 里面的某个值，是 TRUE LIKE 如果操作数与一种模式相匹配，那么就为 TRUE NOT 对任何其他布尔运算符的值取反 OR 如果两个布尔表达式中的一个为 TRUE，那么就为 TRUE

表达式是指用运算符将常量、变量、列或函数等连接构成的式子。SQL Server 数据库引擎将处理该式子以获得单个数据值。可以用运算符将两个或更多的简单表达式联接起来组成复杂表达式。

两个表达式可以由一个运算符组合起来，只要它们具有该运算符支持的数据类型，并且满足至少下列一个条件：

1）两个表达式有相同的数据类型。

2）优先级低的数据类型可以隐式转换为优先级高的数据类型。

如果表达式不满足这些条件，则可以使用 CAST 或 CONVERT 函数将优先级低的数据类型显式转化为优先级高的数据类型，或者转换为一种可以隐式转化成优先级高的数据类型的中间数据类型。

如果没有支持的隐式或显式转换，则两个表达式将无法组合。

当一个复杂的表达式有多个运算符时，在较低级别的运算符之前先对较高级别的运算符进行求值。运算符优先级决定执行运算的先后顺序。执行的顺序可能严重地影响所得到的值。运算符的优先级别见表 6-2。

表 6-2 运算符的优先级

级　别	运　算　符
1	*（乘）、/（除）
2	+（正）、-（负）、+（加）、（+连接）、-（减）
3	=, >, <, >=, <=, <>
4	NOT
5	AND
6	BETWEEN、IN、LIKE、OR
7	=（赋值）

当一个表达式中的两个运算符有相同的运算符优先级别时，将按照它们在表达式中的位置对其从左到右进行求值。

在表达式中使用括号替代所定义的运算符的优先级。首先对括号中的内容进行求值，从而产生一个值，然后括号外的运算符才可以使用这个值。

6.3.7　通配符

LIKE 运算符用于将字符串是否与一个模式相匹配。模式可以包含常规字符和通配符。如果无法记住准确拼写，但能记住其中一小部分（例如姓名以"张"开头），则可以使用 LIKE 操作符。LIKE 操作符和通配符一起可查询记不住的字符。"%"通配符可匹配任意个字符，例如，%fg 查询以 fg 结尾的值，不管 fg 前面有多少个字符；%fg%返回数值中任何地方包含 fg 的值。"？"通配符能替换字符串中的任何一个字符。例如，要搜索 fg?，则查询返回 fgh 和 fgk，而不返回 fgki，因为后者有 4 个字符，而我们只指定以 fg 开头的 3 个字符。可用做通配符的字符见表 6-3。

表 6-3　可用做通配符的字符

字　符	说　明	示　例
%	包含零个或多个字符的任意字符串。	WHERE title LIKE '%computer%' 将查找在书名中任意位置包含单词 computer 的所有书名
_	任何单个字符。	WHERE au_fname LIKE '_ean' 将查找以 ean 结尾的所有 4 个字母的名字（Dean、Sean 等）
[a-d]或集合[abcd]	从 a 到 d 的任一字符	WHERE au_lname LIKE '[C-P]arsen' 将查找以 arsen 结尾并且以介于 C 与 P 之间的任何单个字符开始的作者姓氏，例如，Carsen、Larsen、Karsen 等
[^a-d]或集合[^abcd]	不属于指定范围[^a-d]或集合[^abcd]的任一字符	WHERE au_lname LIKE 'de[^l]%' 将查找以 de 开始并且其后的字母不为 l 的所有作者的姓氏

6.3.8　流程控制语言

T-SQL 语言除了支持 ANSI 的 SQL 语言之外，还加入了弹性化程序执行的流程控制语言。传统上 SQL 语言属于一次性的操作方式，若要模拟前端开发语言，必须使用如下流程控制语言。

1．IF…ELSE

前端应用程序往往会先利用查询语句的结果进行判断，然后执行对应的操作。通过直接利用 T-SQL 的 IF…ELSE 判断语句，将所有的判断，交给后端数据库进行操作，然后统一返回给前端应用程序，这样的性能远比前端程序经过逐步判断后再操作，来得简洁快速。

IF 指定条件表达式，如果条件表达式为真，则执行条件表达式后面的 T-SQL 语句，否则执行 ELSE 后面的 T-SQL 语句。

语法：

> IF（条件）
> 语句或语句块
> ELSE
> 语句或语句块

2．BEGIN…END

BEGIN 和 END 语句用于将多个 T-SQL 语句组合为一个语句块。在控制流语句必须执行包含两条或多条 T-SQL 语句的语句块的任何地方，都可以使用 BEGIN 和 END 语句。例如当 IF 语句仅控制一条 T-SQL 语句的执行时，不需要使用 BEGIN 或 END 语句，通常会与 IF…ELSE、WHILE 等配合使用。

3．WHILE、BREAK 与 CONTINUE

WHILE 循环控制语句用于设置重复执行 T-SQL 语句块的条件，当指定的条件为真时，重复执行循环语句块，否则退出循环。若要定义语句块，则使用控制流关键字 BEGIN 和 END。可以在语句块内设置 BREAK 和 CONTINUE 关键字，BREAK 完全退出循环，CONTINUE 结束本次循环，继续下次循环。

其语法为：

> WHILE 条件
> 语句或语句块

或

> BREAK

或

> CONTINUE

4．CASE

使用 CASE 语句可以进行多个分支的选择。CASE 具有以下两种格式。

1）简单 CASE 格式：将表达式与一组简单的表达式进行比较来确定结果。

其语法为：

> CASE 输入表达式
> WHEN 简单表达式 THEN 结果表达式
> […n]
> [ELSE 结果表达式]
> END

系统处理如下：

计算输入表达式，然后按顺序，对每个 WHEN 子句的简单表达式进行比较。

返回第 1 个为真（输入表达式=简单表达式）的结果表达式。

如果没有为真的，则当指定 ELSE 时，将返回 ELSE 结果表达式；若没有指定 ELSE 子句，则返回 NULL 值。

2）搜索 CASE 格式：通过计算一组布尔表达式来确定结果。

```
CASE
WHEN 布尔表达式 THEN 结果表达式
[ ...n ]
[ ELSE 结果表达式]
END
```

系统处理如下：

如果布尔表达式为真，则返回 THEN 后面的表达式，然后跳出 CASE 语句。

否则继续测试下一个 WHEN 后面的表达式。

如果所有的 WHEN 后面的布尔表达式均为假，则返回 ELSE 后面的表达式。没有 ELSE 子句时，返回 NULL。

6.3.9　批处理

批处理是同时从应用程序发送到 SQL Server 并得以执行的一组单条或多条 T-SQL 语句。SQL Server 将批处理的语句编译为单个可执行单元，称为执行计划。批处理使用 GO 作为结束标志。

批处理中每个 T-SQL 语句应以分号结束。此要求不是强制性的，但不推荐使用允许语句不以分号结束的功能，Microsoft SQL Server 的未来版本可能会删除这种功能。

组成批处理的语句被作为一个整体编译和执行。遇到编译错误（如语法错误）可使执行计划无法编译。因此，不会执行批处理中的任何语句。遇到执行错误时，大多数运行时错误将停止执行批处理中当前语句和它之后的语句。某些运行时错误（如违反约束）仅停止执行当前语句，而继续执行批处理中其他所有语句。例如，假定批处理中有 10 条语句。如果第 5 条语句有一个语法错误，则不执行批处理中的任何语句。如果批处理已经过编译，而第 2 条语句在运行时失败，则第 1 条语句的结果不会受到影响，因为已执行了该语句。

在批次的使用上可以使用一些技巧。如下面示例中，有两个查询语句，第 1 个查询语句表不存在，第 2 个查询语句是正确的，如将两个语句放在一个批处理中，第 2 个查询语句将不会运行，如将两个查询语句分别放在两个批处理中，第 1 个批处理的错误不会影响第 2 个批处理的执行。

```
USE students
GO
SELECT * FROM students
SELECT * FROM 成绩表
GO
```

运行结果如图 6-12 所示。

图 6-12　将两个查询语句放在一个批处理中

```
USE students
GO
SELECT * FROM students
GO
SELECT * FROM  成绩表
GO
```

运行结果如图 6-13 所示。

图 6-13　将两个查询语句放在两个批处理中

批处理使用规则如下:

- 大多数 CREATE 命令语句不能在批处理中与其他语句组合使用,例如 CREATE VIEW 创建视图和 CREATE PROCEDURE 创建存储过程等,必须额外使用 GO 命令。CREAT DATABASE、CREATE TABLE 和 CREATE INDEX 例外。
- 不能在同一个批处理中更改表,然后引用新列。
- 如果 EXECUTE 语句是批处理中的第一条语句,则不需要 EXECUTE 关键字;如果 EXECUTE 语句不是批处理中的第一条语句,则需要 EXECUTE 关键字,如执行存储过程等。

6.3.10　注释

注释是程序代码中不执行的文本字符串。注释可用于对代码进行说明或暂时禁用。使用注释对代码进行说明,便于将来对程序代码进行维护。

SQL Server 支持以下两种类型的注释字符。

1）--（双连字符）:这些注释字符可与要执行的代码处在同一行,也可另起一行。从双连字符开始到行尾的内容均为注释。对于多行注释,必须在每个注释行的前面使用双连字符。

2）/* ... */（正斜杠-星号字符对）:开始注释对（/*）与结束注释对（*/）之间的所有内容均视为注释。

6.4　小结

本任务学习了 T-SQL 的三大语言分类,知道了数据定义语言 DDL、数据操纵语言 DML 和数据控制语言 DCL,还介绍了进行程序设计的一些基础知识,主要包括:

- T-SQL 三大语言分类，即数据定义语言（DDL）、数据操纵语言（DML）和数据控制语言（DLC）。
- 常量与变量的应用。
- 运算符与表达式。
- 函数。
- 流程控制语句。
- 批处理。

上述这些都是写好数据库程序的基础。

6.5 习题

一、简答题

1．T-SQL 的三大语言分类是什么？

2．SQL Server 2008 数据库对象，使用的是 4 个节点的方式指定对象名称，方式是什么？

二、操作题

1．指出下列语句的错误，并改正。

```
USE students
CREATE TABLE MY TABLE
(C1 INT,
 C2 CHAR(4)
 )
```

2．用 T-SQL 语句显示系统信息：SQL Server 版本号，服务器的名称。

3．执行下列 T-SQL 语句，说出语句功能。

```
USE students
DECLARE @NUM INT
SELECT @NUM=COUNT(*) FROM 学生表
PRINT '当前学生人数为：'+CONVERT(CHAR(4),@NUM)
```

4．利用 T-SQL 流程控制语句，计算 1～100 整数的和。

5．利用 T-SQL 流程控制语句，统计 01 号课程考试情况，如平均分大于 75 分，显示考试成绩不错，并显示平均成绩，否则显示考试成绩较差，并显示平均成绩。

6．利用 T-SQL 流程控制语句，查询学生表学生的姓名和性别，当性别为男时显示 MAN，当性别为女时显示 WOMEN，否则显示 UNKNOW。

7．指出下列语句错误，并改正。

```
DECLARE @i INT
SET @i=0
GO
SELECT @i
```

任务 7　存储过程和触发器

7.1　任务提出

7.1.1　任务背景

使用 Transact-SQL 编程语言编写程序时，可用两种方法存储和执行程序：一是可以将程序存储在本地，并创建向 SQL Server 发送命令并处理结果的应用程序；二是可以将程序作为存储过程存储在 SQL Server 中，并创建执行存储过程并处理结果的应用程序。在 SQL Server 中使用存储过程而不使用存储在客户端计算机本地的 Transact-SQL 程序。

另一个例子是，数据库管理员和开发人员应能控制用户向表中插入、修改和删除的数据。如可以修改记录，但禁止修改某些记录（如不及格学生的成绩）；或可以删除记录，但禁止删除某些记录；或当向表中插入记录会级联改变其他表的内容，这是约束和数据库安全性所不能实现的，这时就需要使用触发器。触发器的主要优点在于它可以包含使用 Transact-SQL 代码的复杂处理逻辑。

7.1.2　任务描述

在学期末，学生经常要查询自己的考试成绩，对于这种重复的查询操作，我们通常把查询代码作为存储过程存储在服务器的 SQL Server 中，而不是把查询代码放在客户端中。当学生进行查询时，只需要在客户端发出一条执行存储过程的指令即可。这样做的目的是能够减少客户端通过网络向服务器发送的代码量，提高查找速度和效率。

另外，为了避免不法人员修改不及格考生的成绩，或者删除某些学生的记录，需要建立触发器强制实施这种约束。

本任务主要包括以下内容：
- 创建不带参数的存储过程。
- 创建带参数的存储过程。
- 创建插入数据的触发器。
- 创建修改数据的触发器。
- 创建删除数据的触发器。

7.2　任务实施与拓展

7.2.1　存储过程的创建

【例 7-1】　在 T-SQL 中创建不带参数的存储过程，能够查询学生成绩。

```
USE students
GO
--创建存储过程
CREATE PROCEDURE dbo.SP_学生成绩查询
AS
SELECT 学生表.姓名，课程表.课程名称，成绩表.成绩 FROM  学生表 JOIN 成绩表
ON 学生表.学号=成绩表.学号 JOIN 课程表
ON 成绩表.课程代码=课程表.课程代码
GO
--执行存储过程
USE students
EXEC  dbo.SP_学生成绩查询
```

执行结果见图 7-1 所示。

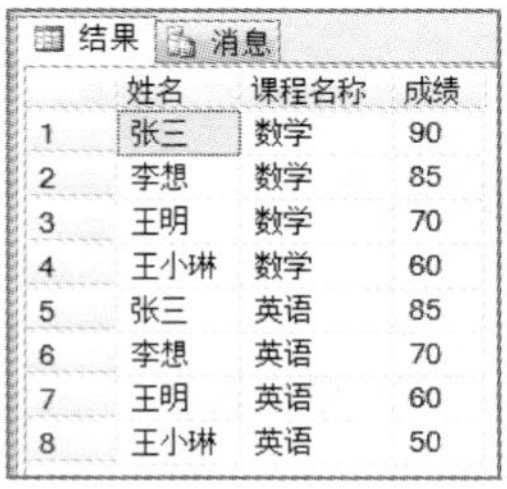

结果 消息

	姓名	课程名称	成绩
1	张三	数学	90
2	李想	数学	85
3	王明	数学	70
4	王小琳	数学	60
5	张三	英语	85
6	李想	英语	70
7	王明	英语	60
8	王小琳	英语	50

图 7-1　执行存储过程，查询学生成绩

提示：在单个批处理中，CREATE PROCEDURE 语句不能与其他 Transact-SQL 语句组合使用。

执行用户定义存储过程时，建议至少用架构名称（见任务 9）。

这个存储过程的唯一问题是不能根据学号查询某个学生的成绩，因此需要建立一个接收输入参数的存储过程。

【例 7-2】 在 T-SQL 中创建带输入参数的存储过程，能够根据学号查询学生成绩。

```
USE students
GO
--创建存储过程
CREATE PROCEDURE dbo.SP_按学号查询学生成绩
@学号 CHAR(2)
AS
SELECT 学生表.姓名，课程表.课程名称，成绩表.成绩 FROM  学生表 JOIN 成绩表
ON 学生表.学号=成绩表.学号 JOIN 课程表
ON 成绩表.课程代码=课程表.课程代码
WHERE  成绩表.学号=@学号
GO
--执行存储过程
USE students
EXEC dbo.SP_按学号查询学生成绩 @学号='01'
```

执行结果见图 7-2 所示。

图 7-2　创建存储过程，根据学号查询学生成绩

提示：在传值时可以指定参数名称，也可省略参数名称@学号，按照参数在存储过程中定义时的顺序（从左至右）来提供参数。

【例 7-3】　在 T-SQL 中创建带输出参数的存储过程，查询学生总人数。

```
USE students
GO
--创建存储过程
CREATE PROC dbo.SP_查询学生总人数
@COUNT INT OUTPUT
AS
SELECT @COUNT=COUNT(*) FROM 学生表
GO
--执行存储过程
DECLARE @COUNT INT
EXEC dob.SP_查询学生总人数    @COUNT OUTPUT
PRINT '学生总人数为：'+CONVERT(CHAR(4),@COUNT)
```

执行结果见图 7-3 所示。

图 7-3　创建存储过程，查询学生总人数

7.2.2　触发器的创建

【例 7-4】　创建 INSERT 触发器，当向学生表中添加男生信息时，同时将该男生信息添加到男生表中。

```
--创建男生表
USE students
GO
SELECT * INTO 男生表 FROM 学生表 WHERE 性别='男'
GO
--创建触发器 TR_男生表
CREATE TRIGGER TR_男生表
ON 学生表 AFTER INSERT
AS
```

```
IF EXISTS(SELECT * FROM   INSERTED   WHERE 性别='男')
BEGIN
INSERT INTO  男生表  SELECT * FROM INSERTED
END
GO
--测试触发器 TR_男生表
INSERT INTO  学生表  VALUES
('06','触发器','1996-06-06','男','北京市海淀区','67890123')
INSERT INTO  学生表  VALUES
('07','触发器','1997-07-07','女','北京市海淀区','78901234')
--显示男生表内容
SELECT * FROM  男生表
GO
```

测试结果见图 7-4 所示。

	学号	姓名	出生日期	性别	家庭地址	联系电话
1	06	触发器	1996-06-06 00:00:00	男	北京市海淀区	67890123
2	01	张三	1994-03-03 00:00:00	男	天津市南开区	12345678
3	02	李想	1994-04-04 00:00:00	男	北京市海淀区	23456789
4	03	王明	1994-05-05 00:00:00	男	上海市黄浦区	34567890

图 7-4   男生表数据

若在学生表中删除刚插入的数据，代码如下：

```
DELETE FROM  学生表  WHERE 姓名='触发器'
```

提示：EXISTS 测试行是否存在。

【例 7-5】 创建 UPDATE 触发器，禁止用户修改不及格同学的信息。

```
--创建触发器 tr_不及格修改
USE students
GO
CREATE TRIGGER TR_不及格修改  ON  成绩表
AFTER UPDATE
AS
IF   EXISTS(SELECT * FROM   DELETED   where 成绩<60)
BEGIN
PRINT '不能修改不及格学生成绩'
ROLLBACK
END
--测试触发器
UPDATE  成绩表
SET  成绩=60
WHERE  成绩<60
```

测试结果见图 7-5 所示。

```
消息
不能修改不及格学生信息
消息 3609，级别 16，状态 1，第 1 行
事务在触发器中结束。批处理已中止。
```

图 7-5　测试 UPDATE 触发器

提示： 触发器是事务，可以使用 ROLLBACK 命令使服务器停止处理修改。

【例 7-6】 创建 DELETE 触发器，禁止删除广东学生成绩信息。

```
USE students
GO
--创建触发器
CREATE TRIGGER TR_删除广东学生 ON 学生表
AFTER DELETE
AS
IF EXISTS(SELECT * FROM DELETED WHERE 家庭地址 LIKE '广东%' )
BEGIN
PRINT '不能删除广东学生信息'
ROLLBACK
END
--测试触发器
DELETE FROM 学生表 WHERE 家庭地址 LIKE '广东%'
```

测试结果见图 7-6 所示。

```
消息
不能删除广东学生信息
消息 3609，级别 16，状态 1，第 2 行
事务在触发器中结束。批处理已中止。
```

图 7-6　测试 DELETE 触发器

7.3　知识链接

7.3.1　存储过程概述

1．存储过程的概念

存储过程是命名过的 T-SQL 语句的集合。它支持任何 T-SQL 语言，包括流程控制语言、DDL、DML 和 DCL 等。此外还可以支持参数化的定义内容，接受输入参数并以输出参数的格式向调用过程或批处理返回多个值。

使用存储过程可以提高性能。例如，如果一个查询有 5 行文本，但同时有 5000 个用户同时查询，势必会增加网络通信流，造成堵塞，使网络速度大大减慢。如何减少网络通信流呢？我们可以将查询语句放在存储过程里，并储存在服务器上，用户在查询时只需要在客户端执行一条运行存储过程语句即可。

使用存储过程大多是运用在重复性的操作中（例如每个学生的成绩信息查询），达到一次开发多次使用，降低程序重复开发。

此外使用存储过程还可以加速整个运行的效率。存储过程创建后，就会将定义内容存储在数据库中。除第一次使用之外，其余情况可以直接从程序缓存中取得已执行过的程序，免去再一次编译。

使用存储过程还能简化数据库管理。当需要修改查询时，只需要在服务器上修改一次即可，不需要在所有客户机器上进行修改。

此外，使用存储过程还可以增强数据安全性。应用程序可以在没有对象的访问权限下，配合存储过程的控制进行有限度的存取，以避免敏感数据（如学生成绩表的成绩）被任意浏览与修改。

2. 用户自定义存储过程创建

存储过程分为系统存储过程和用户自自定义存储过程两大类，本任务主要介绍自定义存储过程的创建和执行。

（1）创建和执行不带参数的存储过程

最容易生成和使用的存储过程是返回简单结果集而不需要任何参数，如查询所有学生成绩。

创建不带参数的存储过程语法代码如下：

> **CREATE PROCEDURE** 存储过程名
> **AS**
>   T-SQL 语句

执行不带参数的存储过程时只需要执行代码"**EXEC** 存储过程名"即可。

（2）创建和执行带输入参数的存储过程

接受输入参数，返回数据集的存储过程，这种存储过程最常用，一般配合前端应用程序执行调用，通过指定输入参数给 SELECT 语句将执行结果以数据集的方式返回给前端应用程序，如根据学生的学号，查询某个学生的考试成绩。在定义输入参数时，还可给出默认值。

创建带输入参数存储过程语法代码如下：

> **CREATE PROCEDURE** 存储过程名（参数 1，…，参数 n）
> **AS**
> T-SQL 语句

参数使用方法如下：

> @参数名 数据类型 [=默认值]

执行带输入参数的存储过程时，需将值传递给输入参数，如将"学号"传递给存储过程。如果不传值，则保持默认值（如果有默认值）。

执行带参数的存储过程语法代码如下：

> **EXEC** 存储过程名 @参数名=值

在执行存储过程时，如果指定参数名称，则允许按任意顺序提供参数；如果未指定参数名称，则必须按照参数在存储过程中定义时的顺序（从左至右）来提供参数。另外，必须提供某一给定参数前面的所有参数，即使这些参数可选并且有默认值。

（3）创建和执行带输出参数的存储过程

输出参数就是输入参数的逆运算。对于输入参数，是提供给存储过程的值；对于输出参数，是存储过程返回的一个值，用于进一步处理。输出参数与输入参数定义位置完全一样，唯一的区别是输出参数在后面需要加上 OUTPUT。

执行存储过程时，需要定义一个变量来保存存储过程输出参数返回的结果。

（4）使用对象资源管理器创建存储过程

其步骤如下：

1）在对象资源管理器中，连接到某个数据库引擎实例，再展开该实例。

2）展开"数据库"、"students"以及"可编程性"。

3）用鼠标右键单击"存储过程"，再单击"新建存储过程"。

4）在"查询"菜单上，单击"指定模板参数的值"。

5）在"指定模板参数的值"对话框中，"值"列包含参数的建议值。接受这些值或将其替换为新值，再单击"确定"按钮。

6）在查询编辑器中，使用过程语句替换 SELECT 语句。

7）若要测试语法，则在"查询"菜单上，单击"分析"。

8）若要创建存储过程，则在"查询"菜单上，单击"执行"按钮。

3．修改存储过程

可在 SSMS 窗口修改已创建的存储过程，步骤如下：

在对象资源管理器中，连接到某个数据库引擎实例，再展开该实例。展开"数据库"、"students"以及"可编程性"。右击要修改的存储过程，再单击"修改"，完成后，单击工具栏的"执行"按钮。

修改存储过程 T-SQL 语法代码如下：

```
ALTER PROCEDURE 存储过程名
AS
T-SQL 语句
```

4．删除存储过程

可在 SSMS 窗口删除已创建的存储过程，步骤如下：

在对象资源管理器中，连接到某个数据库引擎实例，再展开该实例。展开"数据库"、"students"以及"可编程性"。右击要删除的存储过程，再单击"删除"，完成后，单击工具栏的"执行"按钮。

删除存储过程 T-SQL 语法代码如下：

```
DROP PROCEDURE 存储过程名
```

5．系统存储过程

每当增加或修改数据库对象时，都会改变系统表。SQL Server 在表中存放了大量对象信息，这些信息大部分是数字数据，很难直接阅读，只能通过系统存储过程阅读，因此 SQL Server 2008 创建了大量的系统存储过程，进行信息查询和执行有关系统的管理任务。

系统存储过程主要存储在 master 数据库中，并以 sp_作为前缀，在任何数据库中，系统都允许用户对系统存储过程调用。下面介绍几个用户常用的系统存储过程。

- sp_helpdb：报告有关指定数据库或所有数据库的信息。
- sp_help：报告有关数据库对象、用户定义数据类型或某种数据类型的信息。
- sp_tables：返回在当前环境中表和视图的相关信息。
- sp_helpindex：报告有关表或视图上索引的信息。
- sp_helptrigger：返回对当前数据库的指定表定义的 DML 触发器的类型信息。
- sp_depends：显示有关数据库对象依赖关系的信息，如视图或过程所依赖的表和视图。

7.3.2 DML 触发器概述

1. 了解 DML 触发器

触发器是一组 SQL 语句，是数据库服务器中发生事件时自动执行的特殊存储过程。如果用户要通过数据操作语言（DML）事件编辑数据，则执行 DML 触发器。DML 事件是针对表或视图的 INSERT、UPDATE 或 DELETE 语句。例如，用户在表中进行修改时，便执行 UPDATE 触发器。

触发器能阻止不符合严格要求的数据修改，因为触发器是事务，因此只要在代码的相应位置加上 ROLLBACK 命令即可阻止记录修改。事务开始语句 BEGIN TRAN 可由用户加上，也可由系统加上。

DML 触发器会根据新增、修改和删除动作执行定义的语句，能控制用户向表中插入、修改和删除数据，有助于在表或视图中修改数据时强制业务规则，扩展数据完整性。

DML 触发器为特殊类型的存储过程，不能像存储过程一样用 EXEC 直接调用，可在执行数据操作语言事件时自动生效。

一个表可以有多个触发器，一个触发器只能对应一个表。可以使用 sp_settriggerorder 来指定要对表执行的第一个和最后一个 AFTER 触发器。对于一个表，只能为每个 INSERT、UPDATE 和 DELETE 操作指定第一个和最后一个 AFTER 触发器。如果在同一个表上还有其他 AFTER 触发器，这些触发器将随机执行。

只有在成功执行触发 SQL 语句之后，才会执行 AFTER 触发器。判断执行成功的标准是：执行了所有与已更新对象或已删除对象相关联的引用级联操作和约束检查。

CREATE TRIGGER 必须是批处理中的第一条语句，并且只能应用于一个表。虽然 TRUNCATE TABLE 语句实际上就是 DELETE 语句，但是它不会激活触发器，因为 TRUNCATE TABLE 语句不记录各个行删除。

可以设计两种类型的 DML 触发器：AFTER 触发器和 INSTEAD OF 触发器。AFTER 触发器是在执行了 INSERT、UPDATE 或 DELETE 语句操作之后执行的触发器。本任务主要介绍 AFTER 触发器。

2. DML 触发器两种特殊的表

DML 触发器使用两种特殊的表：删除的表 deleted 和插入的表 inserted。SQL Server 会自动创建和管理这两种表。它们在结构上类似于定义了触发器的表，即对其尝试执行了用户操作的表。deleted 和 inserted 表保存了可能会被用户更改的行的旧值或新值。我们可以使用这两种驻留内存的临时表来测试特定数据修改的影响以及设置 DML 触发器操作的条件，但不能直接修改表中的数据或对表执行数据定义语言（DDL）操作，如 CREATE INDEX。

deleted 表用于存储 DELETE 和 UPDATE 语句所影响的行的副本。在执行 DELETE 或 UPDATE 语句的过程中，行从触发器表中删除，并传输到 deleted 表中。删除数据的表和触发器表通常没有相同的行。

inserted 表用于存储 INSERT 和 UPDATE 语句所影响的行的副本。在执行插入或更新数据过程中，新行会同时添加到 inserted 表和触发器表中。插入到 inserted 表中的行是触发器表中的新行的副本。

更新数据类似于在删除操作之后执行插入操作：首先，旧行被复制到 deleted 表中，然后，新行被复制到触发器表和 inserted 表中。

3．创建 AFTER 触发器

在 SSMS 中，展开触发器所在的数据库和表，右击触发器，在弹出的快捷菜单中单击"新建"命令，输入代码，即可创建触发器。

T-SQL 语法为：

```
CREATE TRIGGER   触发器名称
ON   表名
AFTER
INSERT , UPDATE , DELETE   （至少要给一个选项）
AS   触发器中要执行的 T-SQL 语句
```

AFTER 触发器是在记录修改完成后才被激活执行的。以删除记录为例，分为以下步骤：

1）当 SQL Server 收到删除记录的语句时，先将记录放到 deleted 表中。

2）将记录在表中删除。

3）激活 AFTER 触发器，执行删除触发器中的语句。

4）触发器执行完，将 DELETED 表中记录删除。

4．修改 AFTER 触发器

在 SSMS 中，展开触发器所在的数据库和表，右击要修改的触发器，在弹出的快捷菜单中单击"修改"命令，输入代码，即可修改触发器。

T-SQL 语法为：

```
ALTER TRIGGER   触发器名称
ON   表名
AFTER
INSERT , UPDATE , DELETE   （至少要给一个选项）
AS   触发器中要执行的 T-SQL 语句
```

5．删除和禁用 AFTER 触发器

当不再需要某个触发器时，可将其禁用或删除。禁用触发器不会删除该触发器。该触发器仍然作为对象存在于当前数据库中。但是，当执行任意 INSERT、UPDATE 或 DELETE 语句（在其上对触发器进行了编程）时，触发器将不会激发。已禁用的触发器可

以被重新启用。启用触发器会以最初创建它时的方式将其激发。默认情况下，创建触发器后会启用触发器。

删除了触发器后，它就从当前数据库中删除了。它所基于的表和数据不会受到影响。删除表将自动删除其上的所有触发器。删除触发器的权限默认授予在该触发器所在表的所有者。

（1）禁用触发器

在 SSMS 中，展开触发器所在的数据库和表，右击要禁用的触发器，在弹出的快捷菜单中单击"禁用"命令，即可禁用该触发器。

其 T-SQL 语法为：

DISABLE TRIGGER 触发器名 ON 表名

（2）启用触发器

在 SSMS 中，展开触发器所在的数据库和表，右击要启用的触发器，在弹出的快捷菜单中单击"启用"命令，即可启用该触发器。

其 T-SQL 语法为：

ENABLE TRIGGER 触发器名 ON 表名

（3）删除触发器

在 SSMS 中，展开触发器所在的数据库和表，右击要启用的触发器，在弹出的快捷菜单中单击"删除"命令，即可删除该触发器。

其 T-SQL 语法为：

DROP TRIGGER 触发器名

7.4 小结

本任务介绍了存储过程和触发器。

存储过程是命名过的 T-SQL 语句的集合，通常作为查询，放在服务器上，可以减少网络通信流，也可便于管理，大多是运用在重复性的操作中。创建存储过程可以创建不带参数的存储过程、带输入参数的存储过程和带输出参数的存储过程。不带参数的存储过程执行时使用 EXEC 存储过程名命令，带参数的存储过程执行时还要将参数的值传给存储过程，带输出参数的存储过程执行时，要定义一个变量来接收传过来的值。

DML 触发器为特殊类型的存储过程，只是不能像存储过程一样用 EXEC 直接调用，可在执行 INSERT、UPDATE 或 DELETE 语句自动生效。DML 触发器会根据新增、修改和删除动作执行定义的语句，能控制用户向表中插入、修改和删除数据，有助于在表或视图中修改数据时强制业务规则，扩展数据完整性。AFTER 触发器在语句执行后触发。SQL Server 为每个触发器提供了两种特殊的表：INSERTED 表和 DELETED 表。INSERTED 表用于存储 INSERT 和 UPDATE 语句所影响的行的副本；DELETED 表用于存储 DELETE 和 UPDATE 语句所影响的行的副本。可以使用这两种驻留内存的临时表来测试特定数据修改的影响以及设置 DML 触发器操作条件。对于这两个表，用户只能读取数据，不能修改数据。

7.5 习题

一、简答题

1. 什么是存储过程？它有哪些好处？

2. DML 触发器在什么情况下执行？

3. 在触发器运行中会产生哪两个特殊的表？它们存放的内容是什么？

二、操作题

1. 在 T-SQL 中创建存储过程，能够查询课程信息，然后执行存储过程。

2. 在 T-SQL 中创建存储过程，能够查询某个学生信息，然后执行存储过程，查找 01 号同学信息。

3. 创建带输出参数的存储过程，查询不及格人数，然后执行存储过程，返回查询结果。

4. 创建 AFTER 触发器，当向成绩表中添加不及格信息时，同时将该信息添加到补考表中。

任务 8 视图、索引和事务

8.1 任务提出

8.1.1 任务背景

有些表格非常大，有上千条记录，众多字段，而用户只对一部分特定数据感兴趣，我们可以将这些特定数据集中在视图里。另外，可以事先将多表查询、子查询这些复杂的查询语句的结果放到视图里，使用户通过视图进行查询，省去了复杂的查询编写。视图还可用做安全机制，使用户通过视图访问数据，而避免直接访问基础表。

如何快速查找表（视图）中的数据呢？这就需要建立索引，将数据按值的大小进行排序。

如果某些任务包括一条或多条 SQL 语句，这些语句必须要么都完成，要么都不完成，不能出现部分完成，部分不完成的情况，数据库就需要进行事务处理。例如，银行转账业务要求账户的转入和转出两个操作要么都完成，要么都不完成，不能出现转入了却没有转出，或者转出了却没有转入的情况，这时就需要将两个操作定义在一个事务里。

8.1.2 任务描述

在 students 数据库中，可以创建只显示考试课信息的视图，只显示学生学号、姓名和性别的视图，还可以创建显示学生成绩的视图，对视图创建后，还可根据实际情况对视图定义进行更改，通过视图还可更改基础表的数据。

为了加速表（视图）中数据查找，需要对学号、姓名和课程类型字段建立索引。

定义一个事务，将 01 号学生 01 号课程的成绩减 20 分，加到 02 号课程的成绩上。两个操作要么都完成，要么都不完成。

本任务主要包括 3 方面内容：

- 创建视图、修改视图和通过视图修改数据。
- 创建索引。
- 创建事务。

8.2 任务实施与拓展

8.2.1 视图

1．创建视图

【例 8-1】 在 SSMS 的对象资源管理器中，创建"学生视图"，包括学生学号、姓名和性别。

1）展开"students"数据库。

2）右击"视图"，选择"新建视图"，如图 8-1 所示。

3）在"添加表"界面中选择"学生表"，单击"添加"按钮，然后单击"关闭"按钮，如图 8-2 所示。

图 8-1　在 SSMS 中新建视图

图 8-2　添加学生表

4）在"关系图"窗格（第 1 个窗格）中选择要输出的学号、姓名和性别字段。在"条件"窗格（第 2 个窗格）中自动加进列清单，在"SQL 窗格"（第 3 个窗格）可以看到自动产生的 SQL 语句。

5）在空白处单击鼠标右键，在弹出的快捷菜单中选择"执行 SQL(X)"命令，执行查询语句，产生结果。在"结果"窗格（第 4 个窗格）产生查询结果。上述设置如图 8-3 所示。

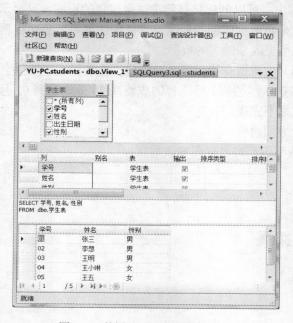

图 8-3　使用 SSMS 创建学生视图

6）选择"文件"菜单中的"保存视图"命令，输入视图名称"学生视图"，即可将视图保存到数据库 students 中。

【例 8-2】 在 SSMS 的对象资源管理器中，创建"成绩视图"，显示所有学生各门课考试成绩。

1）展开"students"数据库。

2）右击"视图"，选择"新建视图"。

3）在"添加表"界面中选择"学生表"、"课程表"和"成绩表"，单击"添加"按钮，单击"关闭"按钮。

4）在"关系图"窗格（第 1 个窗格）中选择要输出的学号、姓名、课程名称和成绩字段。在"条件"窗格（第 2 个窗格）中自动加进列清单，在"SQL 窗格"（第 3 个窗格）可以看到自动产生的 SQL 语句。

5）在空白处单击鼠标右键，在弹出的快捷菜单中选择"执行 SQL(X)"命令，执行查询语句，产生结果。在"结果"窗格（第 4 个窗格）产生查询结果，上述设置如图 8-4 所示。

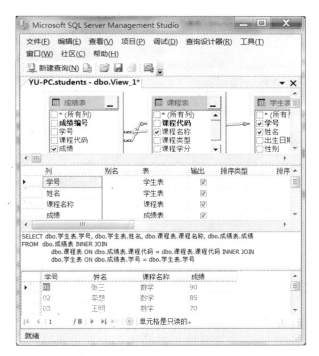

图 8-4　在 SSMS 中创建成绩视图

6）选择"文件"菜单中的"保存视图"命令，输入视图名称"成绩视图"，即可将视图保存到数据库 students 中。

【例 8-3】 使用 T-SQL 创建视图"考试课视图"，视图中存放考试课信息。

```
--定义视图
USE students
GO
```

```
CREATE VIEW 考试课视图
AS
SELECT  *  FROM 课程表  WHERE  课程类型='考试'
--查询视图
SELECT * FROM 考试课视图
```

查询结果如 8-5 所示。

	课程代码	课程名称	课程类型	课程学分	课程学时
1	01	数学	考试	2	64

图 8-5 "考试课视图"内容

【例 8-4】 使用 T-SQL 创建视图"优秀学生视图"，视图中存放考试成绩 90 分以上信息。强制视图上的修改必须符合视图创建的规则。

```
--定义视图
USE    students
GO
CREATE VIEW 优秀学生视图
AS
SELECT  *  FROM 成绩表  WHERE  成绩>=90
WITH CHECK OPTION
--查询视图
SELECT * FROM 优秀学生视图
```

查询结果如图 8-6 所示。

	成绩编号	学号	课程代码	成绩
1	1	01	01	90.

图 8-6 "优秀学生视图"内容

2. 查看视图定义

【例 8-5】 查看学生视图定义。

```
sp_helptext 学生视图
```

查询结果如图 8-7 所示。

	Text
1	CREATE VIEW dbo.学生视图
2	AS
3	SELECT 学号, 姓名, 性别
4	FROM dbo.学生表

图 8-7 查看学生视图定义

3. 修改视图

【例 8-6】 使用 T-SQL 修改学生视图，视图中存放学生的学号、姓名、性别和联系电话，对创建视图文本进行加密。

```
use students
go
--修改视图
ALTER VIEW 学生视图
WITH    ENCRYPTION
AS
SELECT 学号,姓名,性别,联系电话   FROM 学生表
WITH CHECK OPTION
--查询视图
select * from 学生视图
```

查询结果如图 8-8 所示。

	学号	姓名	性别	联系电话
1	04	王小琳	女	45678901
2	05	王五	女	56789012

图 8-8　修改后的学生视图

附: 在 SSMS 的对象资源管理器中, 按上题要求修改学生视图。

步骤如下:

1) 展开"服务器"→"数据库"→"students"→"视图", 右键单击"学生视图", 在快捷菜单中选择"设计", 进入视图设计器窗口。

2) 在视图中增加联系电话字段。在"条件"窗格(第 2 个窗格)中自动加进列清单, 在"SQL 窗格"(第 3 个窗格)可以看到自动产生的 SQL 语句。

3) 在空白处单击鼠标右键, 在弹出的快捷菜单中选择"执行 SQL(X)"命令, 执行查询语句, 产生结果。在"结果"窗格(第 4 个窗格)产生查询结果, 上述设置如图 8-9 所示。

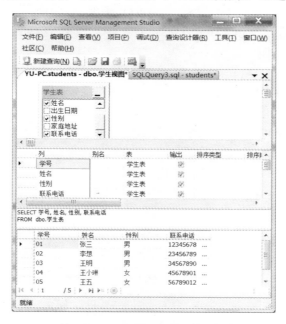

图 8-9　修改学生视图的设计器窗口

4）选择"文件"菜单中的"保存视图"命令，即可将视图保存到数据库 students 中。

4. 通过视图修改数据

【**例 8-7**】 使用 T-SQL 通过"考试课视图"修改"课程表"数据，将考试课学时改为84 学时，然后再更改回 64。

```
--通过视图修改基表数据
USE students
GO
UPDATE 考试课视图
SET 课程学时=84
GO
--查询基表数据
SELECT * FROM 课程表
```

查询结果如图 8-10 所示。

	课程代码	课程名称	课程类型	课程学分	课程学时
1	01	数学	考试	2	84
2	02	英语	考查	2	60
3	03	计算机基础	考查	1.5	30

图 8-10 通过视图修改基表数据

```
--查询考试课视图数据
SELECT * FROM 考试课视图
```

查询结果如图 8-11 所示。

	课程代码	课程名称	课程类型	课程学分	课程学时
1	01	数学	考试	2	84

图 8-11 修改视图数据

```
--将考试课学时改为 64 学时
UPDATE 考试课视图
SET 课程学时=64
WHERE 课程学时=84
GO
```

【**例 8-8**】 使用 T-SQL 修改"优秀学生视图"数据，将成绩修改为 80。

```
USE students
GO
UPDATE 优秀学生视图
SET 成绩=80
```

运行结果如图 8-12 所示。

消息 550，级别 16，状态 1，第 1 行
试图进行的插入或更新已失败，原因是目标视图或者目标视图所跨越的某一视图指定了 WITH CHECK OPTION，而该操作的一个或多个结果行又不符合 CHECK OPTION 约束。
语句已终止。

图 8-12 修改不符合创建视图规则数据

```
--查询视图
SELECT * FROM 优秀学生视图
```

运行结果如图 8-13 所示。

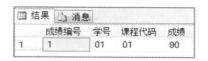

图 8-13　优秀学生视图数据

提示：由于修改视图违反了创建视图的规则，因此修改视图失败。

5．删除视图

【例 8-9】 使用 T-SQL 删除学生视图。

```
USE students
GO
--删除学生视图
DROP VIEW 学生视图
```

8.2.2　索引

1．创建索引

【例 8-10】 使用对象管理器建立索引。对"学生表"姓名字段建立非聚集索引。

1）展开要创建索引的数据库"students"。

2）展开要创建索引的表"学生表"。

3）右击"索引"，选择"新建索引"，如图 8-14 所示。

图 8-14　建立索引

4）必须指定索引的名称、表以及应用该索引的列。如图 8-15 所示。

图 8-15　对姓名建立非聚集索引

5）单击"确定"按钮。

【例 8-11】　使用 T-SQL 创建非聚集索引 IX_课程表_课程类型。

```
USE students
CREATE    NONCLUSTERED INDEX IX_课程表_课程类型
ON   课程表（课程类型）
```

2．删除索引

【例 8-12】　使用 T-SQL 删除非聚集索引 IX_课程表_课程类型。

```
USE students
drop index  课程表. ix_课程表_课程名称
```

8.2.3　事务

【例 8-13】　定义一个事务，将 01 号同学 01 号课程减 20 分，然后加到 02 号课程成绩上。

```
USE students
GO
--查看修改前的成绩
SELECT * FROM  成绩表
BEGIN TRANSACTION
DECLARE @ERRORSUM INT
SET @ERRORSUM=0
UPDATE  成绩表  SET  成绩=成绩-20 WHERE  课程代码='01' AND  学号='01'
SET @ERRORSUM=@@ERROR
UPDATE  成绩表  SET  成绩=成绩+20 WHERE  课程代码='02' AND  学号='01'
SET @ERRORSUM=@ERRORSUM+@@ERROR
--查看修改中的成绩
SELECT * FROM  成绩表
IF(@ERRORSUM<>0)
    BEGIN
    PRINT '修改失败'
```

```
        ROLLBACK TRANSACTION
        END
ELSE
        BEGIN
        PRINT '修改成功'
        COMMIT TRANSACTION
        END
--查看修改后的成绩
SELECT * FROM  成绩表
```

运行结果如图 8-16 所示。

结果 | 消息

	成绩编号	学号	课程代码	成绩
1	1	01	01	90
2	2	02	01	85
3	3	03	01	70
4	4	04	01	60
5	5	01	02	85

	成绩编号	学号	课程代码	成绩
1	1	01	01	70
2	2	02	01	85
3	3	03	01	70
4	4	04	01	60
5	5	01	02	85

	成绩编号	学号	课程代码	成绩
1	1	01	01	90
2	2	02	01	85
3	3	03	01	70
4	4	04	01	60
5	5	01	02	85

图 8-16　事务处理中数据变化

8.3　知识链接

8.3.1　视图

1．概述

视图通常用来集中、简化和自定义每个用户对数据库的不同认识。视图还可用做安全机制。

视图是一种虚拟的数据表，使用方式与物理数据表一样，支持查询、新增、修改和删除操作。由于视图是虚拟的表，所以视图在数据库中仅占有定义内容的空间，不占用物理空间。视图只在使用过程中返回定义的数据，不会预先存储所需的数据集。

使用视图的优点有：

- 视图使用户能够着重于他们所感兴趣的特定数据和所负责的特定任务。不必要的数据或敏感数据可以不出现在视图中。
- 简化数据查询，可以将复杂的查询语句，如多表查询、子查询、聚合查询等定义在视图中，以便使用户不必在每次对该数据执行查询时都需编写查询语句。使用者只要查询视图就可得到查询结果。

- 视图可用做安全机制，方法是允许用户通过视图访问数据，而不授予用户直接访问视图基础表的权限。

2．创建视图

创建视图之前，请考虑下列基本原则：

- 定义视图的查询不能包含 ORDER BY 子句，除非在 SELECT 语句的选择列表中还有一个 TOP 子句。
- 希望为视图中的列指定一个与其源列不同的名称，可以在视图中重命名列指定视图中每列的名称。其他情况下，无需在创建视图时指定列名。

基本语法为：

```
CREATE VIEW  视图名称
[WITH ENCRYPTION]
AS  查询语句
[WITH CHECK OPTION]
```

说明：

1）CREATE VIEW 必须是查询批处理中的第一条语句。

2）定义视图的 SELECT 语句可以使用多个表和其他视图。

3）使用 WITH ENCRYPTION 可选项，可对视图的定义内容进行加密，加密后的视图不能使用系统存储过程 sp_helptext 查看视图定义语句，防止在 SQL Server 复制过程中发布视图。

4）使用 WITH CHECK OPTION 可选项，针对视图执行的所有数据修改语句都必须符合定义视图的查询语句中设置的条件。通过视图修改行时，WITH CHECK OPTION 可确保提交修改后，仍可通过视图看到数据。

3．修改视图

修改先前创建的视图。

基本语法为：

```
ALTER  VIEW  视图名称
AS  查询语句
[WITH ENCRYPTION] [WITH ENCRYPTION]
```

注意：

如果原来的视图定义是使用 WITH ENCRYPTION 或 CHECK OPTION 创建的，则只有在 ALTER VIEW 中也包含这些选项时，才会启用这些选项。

4．删除视图

从当前数据库中删除一个或多个视图。

基本语法为：

```
DROP  VIEW  视图名称
```

5．通过视图修改数据

可以通过视图修改基表的数据，其方式与使用 UPDATE、INSERT 和 DELETE 语句在表中修改数据一样。但是，以下限制应用于更新视图：

- 任何修改（包括 UPDATE、INSERT 和 DELETE 语句）都只能引用一个基表。
- 在视图中修改的列必须直接引用表列中的基础数据。它们不能通过其他方式派生，例如聚合函数（AVG、COUNT、SUM、MIN、MAX 等）。
- 被修改的列不能是 GROUP BY、HAVING 或 DISTINCT 处理的数据列。
- 视图不一定显示表中所有字段，如果通过视图插入数据，没有出现的字段不能为空时，会产生错误。

8.3.2 索引

1．了解索引

为了帮助用户快速找到表中的特定信息，需要建立索引。索引包含由表或视图中的一列或多列生成的键，以及映射到指定存储位置的指针。设计良好的索引可以减少磁盘 I/O 操作，并且消耗的系统资源也较少，从而可以提高查询性能。

索引是一个物理的数据库结构。数据库的表存储由两部分组成：一是放数据的页面，另一是放索引的页面。数据库执行查询时，查询优化器评估检索数据的每个方法，然后选择最有效的方法。可能采用的方法包括扫描表和扫描一个或多个索引（如果有）。通常，搜索索引比搜索表要快很多，因为索引与表不同，一般每行包含的列非常少，且行遵循排序顺序。在按索引查找数据时，先搜索索引页面，找到对应的指针，再通过指针找到数据页面对应的数据。

根据索引的顺序与数据表的物理顺序是否相同，可以把索引分成两种类型：聚集索引和非聚集索引。

（1）聚集索引

聚集索引根据数据行的键值在表或视图中排序和存储这些数据行。每个表只能有一个聚集索引，因为数据行本身只能按一个顺序排序。

（2）非聚集索引

非聚集索引具有独立于数据行的结构。非聚集索引包含非聚集索引键值，并且每个键值项都有指向包含该键值的数据行的指针。

聚集索引和非聚集索引都可以是唯一的。这意味着任何两行都不能有相同的索引键值。另外，索引也可以不是唯一的，即多行可以共享同一键值。每当修改了表数据后，都会自动维护表或视图的索引。

索引虽然有许多优点，但设计索引时，应考虑以下数据库准则：

1）一个表如果建有大量索引会影响 INSERT、UPDATE 和 DELETE 语句的性能，因为当表中的数据更改时，所有索引都需进行适当的调整。

2）对小表进行索引可能不会产生优化效果，因为查询优化器在遍历用于搜索数据的索引时，花费的时间可能比执行简单的表扫描还长。因此，小表的索引可能从来不用，但仍必须在表中的数据更改时进行维护。

3）不要总是将索引的使用等同于良好的性能，或者将良好的性能等同于索引的高效使用。事实上，不正确的索引选择并不能获得最佳性能。因此，查询优化器的任务是只在索引或索引组合能提高性能时才选择它，而在索引检索有碍性能时则避免使用它。

2．创建索引

创建索引时需指定索引的名称、表以及应用该索引的列。还可以指定索引选项。默认情况下，如果未指定聚集或唯一选项，将创建非聚集的非唯一索引。

创建索引有两种方法，直接创建和间接创建。直接创建是使用 T-SQL 语句或对象资源管理器创建。间接创建使用主键约束和唯一性约束创建。

（1）直接创建索引

1）使用对象资源管理器直接创建索引。

- 展开要创建索引的数据库。
- 展开要创建索引的表。
- 右击"索引"，选择"新建索引"，打开"新建索引"对话框。
- 在"新建索引"对话框中输入索引名称、索引类型、索引键列和键列的排列顺序。
- 单击"确定"按钮，保存索引。

2）使用 T-SQL 语句直接创建索引

语法为：

```
CREATE [ UNIQUE ] [ CLUSTERED | NONCLUSTERED ] INDEX   索引名
ON  表名 (列名[ ASC | DESC ] [ ,...n ] )
```

参数说明如下。

- UNIQUE：为表或视图创建唯一索引。唯一索引不允许两行具有相同的索引键值。数据库引擎都不允许为已包含重复值的列创建唯一索引。否则，数据库引擎会显示错误消息。必须先删除重复值，然后才能为一列或多列创建唯一索引。唯一索引中使用的列应设置为 NOT NULL，因为在创建唯一索引时，会将多个 NULL 值视为重复值。
- CLUSTERED：创建聚集索引，创建时键值的逻辑顺序决定表中对应行的物理顺序。一个表或视图只允许同时有一个聚集索引。
- NONCLUSTERED：创建非聚集索引。创建时键值的逻辑顺序独立于表中对应行的物理顺序。可创建多个非聚集索引，但数量有限制。
- 列名：索引所基于的一列或多列。
- [ASC | DESC]：确定特定索引列的升序或降序排序方向。默认值为 ASC。
- 表名：要为其建立索引的表或视图的名称。

（2）间接创建索引

通过对表列定义主键约束，系统会自动创建唯一聚集索引，通过对表列定义唯一性约束，会自动创建唯一非聚集索引。

3．删除索引

（1）使用 SSMS 删除索引

- 在对象资源管理器中，连接到 SQL Server 实例，再展开该实例。
- 展开"数据库"，展开该表所属的数据库，再展开"表"。
- 展开该索引所属的表，再展开"索引"。
- 右键单击要删除的索引，然后单击"删除"。
- 确认选择的是正确的索引，然后单击"确定"按钮。

（2）使用 T-SQL 语句删除索引

```
DROP INDEX 表名.索引名称
```

4．修改索引

使用 SSMS 修改索引如下：

- 在对象资源管理器中，连接到 SQL Server 实例，再展开该实例。
- 展开"数据库"，展开该表所属的数据库，再展开"表"。
- 展开该索引所属的表，再展开"索引"。
- 右键单击要修改的索引，然后单击"属性"。

8.3.3 事务

事务是 SQL Server 操作完成的逻辑单位，它包括一个或多个必须成功执行的语句序列。所有语句作为一个整体提交，事务中的所有语句都完成，才可提交，成为数据库中的永久部分，如果 SQL Server 已经执行了某些事务中的语句，而应用程序却异常终止，或某些其他硬件或软件故障，导致其余部分语句没完成，系统就将事务中的所有修改撤销，好像什么语句也没有执行一样，返回到事务之前的状态，这样做可以维护数据的完整性。

事务有 3 种模式：自动事务、显式事务和隐式事务。

（1）自动事务

自动事务是 SQL Server 数据库引擎的默认事务管理模式。每个 T-SQL 语句在完成时，都被提交或回滚。如果一个语句成功地完成，则提交该语句；如果遇到错误，则回滚该语句。例如修改语句，同时修改两个字段，其中有一个字段修改成功，另外一个字段没有修改成功，修改语句会取消所有修改，回到修改前的状态。

只要没有显式事务或隐性事务覆盖自动提交模式，与数据库引擎实例的连接就以此默认模式操作。

（2）显式事务

显式事务就是显式地定义事务的开始和结束的事务。需要以下事务语句。

- BEGIN TRANSACTION：标记显式事务的起始点。
- COMMIT TRANSACTION：如果没有遇到错误，可使用该语句成功地结束事务。该事务中的所有数据修改在数据库中都将永久有效。事务占用的资源将被释放。
- ROLLBACK TRANSACTION：用来清除遇到错误的事务。该事务修改的所有数据都返回到事务开始时的状态。事务占用的资源将被释放。

（3）隐式事务

当连接以隐性事务模式进行操作时，SQL Server 数据库引擎实例将在提交或回滚当前事务后自动启动新事务。无需描述事务的开始，只需提交或回滚每个事务。隐性事务模式生成连续的事务链，直到隐性事务模式关闭为止。

Transact-SQL 脚本使用 SET IMPLICIT_TRANSACTIONS ON 语句启动隐式事务模式。使用 SET IMPLICIT_TRANSACTIONS OFF 语句可以关闭隐式事务模式。

8.4 小结

1．视图

视图是一种虚拟的数据表，使用方式与物理数据表一样，支持查询、新增、修改和删除操作。视图通常用来集中、简化和自定义每个用户对数据库的不同认识。视图还可用做安全机制。

创建和管理视图的语句有：CREATE VIEW 、ALTER VIEW 和 DROP VIEW。

使用 WITH ENCRYPTION 可选项，可对视图的定义内容进行加密，加密后的视图不能使用系统存储过程 sp_helptext 查看视图定义语句。

通过视图操纵数据：INSERT UPDATE 和 DELETE。

操纵数据的注意事项：操作只能涉及一个表；对导出列不能修改，如果视图定义使用 WITH CHECK OPTION 视图修改要符合视图定义条件。

2．索引

索引是数据库在列上建立的数据库对象，为表中数据提供逻辑顺序，从而提高数据的访问速度。

索引类型分为聚集索引和非聚集索引。

创建和索引的命令有：CREATE INDEX 和 DROP INDE。

3．事务

事务是包括一系列操作的操作的一个逻辑工作单元。它包括一个或多个必须成功执行的语句序列。所有语句要么都完成，要么都不完成。

事务的管理语句如下。

● BEGIN TRANSACTION：开始事务。

● COMMIT TRANSACTION：提交事务。

● ROLLBACK TRANSACTION：回滚事务。

事务有 3 种模式自动事务、显式事务和隐式事务。

8.5　习题

一、简答题

1．视图的优点是什么？

2．根据索引的顺序与物理表的顺序是否相同，可以把索引分成哪两种类型？

3．简述事务的概念。

二、操作题

1．使用 SSMS 创建视图，在 sales 数据库中，创建"订单视图"，显示订单号、客户名称、产品名称、销量和订单日期。

2．使用 T-SQL 创建"订单视图 1"，显示订单号、产品号、销量和订单日期。要求视图定义使用 WITH CHECK OPTION 和 WITH ENCRYPTION 可选项。

3．使用 T-SQL 修改"订单视图 1"，显示销售量大于 5 的订单信息。

4．使用 SSMS 创建独立于约束的索引。在 sales 数据库中，对"客户表"姓名字段建立非聚集索引，然后将其删除。

5．使用 T-SQL 创建独立于约束的索引。在 sales 数据库中，对"客户表"姓名字段建立非聚集索引，然后将其删除。

6．显示事务练习，在 sales 数据库中，向产品表插入一条记录，然后删除这条记录，通过回滚使删除无效。

任务 9   SQL Server 安全性管理

9.1   任务的提出

在前面任务的学习中，读者进入 SSMS 界面后，对数据表进行的访问（包括查询、增加、删除、修改）操作没有遇到任何的限制，是因为我们使用的登录名具有系统管理员（sysAdmin）权限。拥有权限的人员，可以在数据库系统中进行任何操作。

但是，如果每一个登录数据库系统的人或程序，都具有如此巨大的权限，显然是不可行的。不论是一个数据的使用者（例如你正在查看电子邮件），或者是一个网站的管理员，都要考虑如何安全地使用数据。本任务研究作为一个数据库系统管理员，如何使合法用户访问需要的数据，以及如何使非法用户无法访问不能访问的数据。

9.1.1   任务背景

在一个学校管理数据库 SchoolDB 中，包含了学生的信息和教师的信息。一般学生可以查看学生自己的信息，教师可以查看自己和学生信息。他们都不可以修改数据库。只有学院的教务管理人员才可以查看和修改这些信息。而教务管理人员不可以在数据库中进行创建和修改数据表等操作。只有数据库系统管理人员可以进行数据库修改等操作。

为了简化业务操作流程，在 SchoolDB 数据库中只保留了两个数据表：学生表 Students 和教师表 Teachers。

提示：可在网上教材学习资料下载 SchoolDB 数据库,也可自行建立一个同名数据库，以便进行下面的安全性操作。

9.1.2   任务描述

当用户登录数据库系统并对数据表或其他对象进行操作时，实际上，该用户通过了三道"门"，如图 9-1 所示。

图 9-1   用户使用数据库验证过程

本任务主要包括如下内容：
● 创建数据库服务器登录名。
● 创建数据库用户名。
● 为用户授权。

9.2 任务的实施

9.2.1 服务器的安全性设置

1．创建 Windows 登录名

在 SQL Server 中创建 Windows 登录名之前，首先在 Windows 中创建一个具有管理员权限的用户账户。具体创建方法可以参考关于 Windows 系统的资料，这里简单介绍一般步骤，以供参考。从"控制面板"找到"用户账户"，在其中"创建新账户"，然后按照提示操作即可。最后，在 Windows 系统中创建了一管理员级账户名"TestDB"。

在 SQL Server 中创建 Windows 登录名操作步骤如下：

打开 SSMS 窗口，在"对象资源管理器"窗口中，打开服务器，然后在"安全性"下面的"登录名"上右击鼠标，在打开的快捷菜单中选择"新建登录名"命令，如图 9-2 所示。

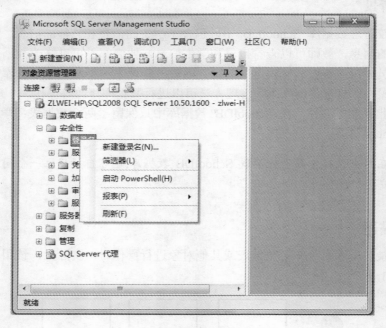

图 9-2　新建登录名

此时，打开"登录名-新建"对话框，如图 9-3 所示。

选择"Windows 身份验证"选项，默认数据库为"master"。单击登录名文本框后的"搜索"按钮，出现"选择用户或组"对话框，如图 9-4 所示。

单击"高级"按钮，对话框变为 9-5 所示，单击"立即查找"按钮。

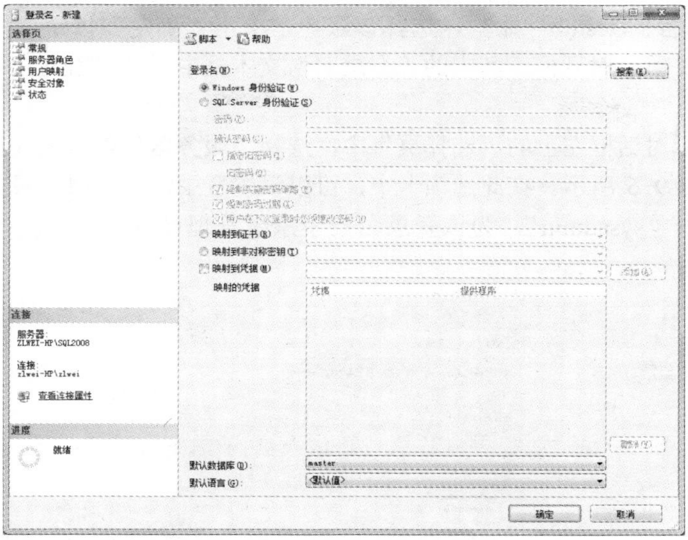

图 9-3 "登录名-新建"对话框

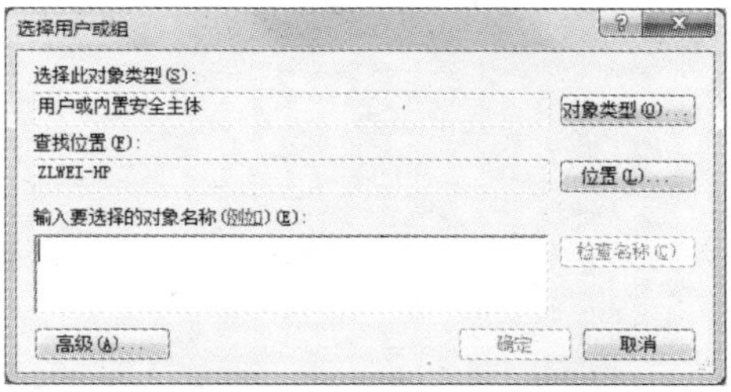

图 9-4 "选择用户成组"对话框

图 9-5 查找用户或组后的结果

在对话框中找到"testdb"账户，选择该账户，单击"确定"按钮，再单击"确定"按钮，又回到图 9-3 所示对话框。其中的"登录名"文本框中出现"ZLWEI-HP\testdb"（即计算机名\账户名）。

在图 9-3 所示对话框左上的"选择页"中，选择"服务器角色"选项，打开"服务器角色"选项卡，如图 9-6 所示。在此选项卡中，可以设置登录账户所属的服务器角色。在服务区角色窗框中单击"sysadmin"，为该登录名授予系统管理员权限。单击"确定"按钮，完成创建登录名的任务。

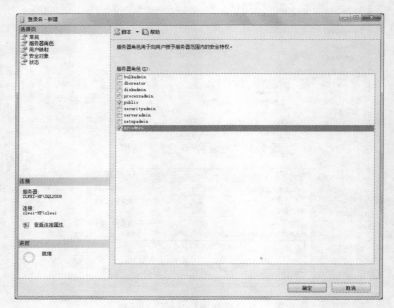

图 9-6　为登录名授权

附：使用 T-SQL 创建使用 Windows 身份验证的 SQL Server 登录名。

CREATE LOGIN [ZLWEI-HP\testdb]　FROM WINDOWS; GO

2．创建 SQL Server 登录名

创建 SQL Server 身份验证的登录名的过程与创建 Windows 身份验证的登录名过程类似，操作步骤如下。

打开 SSMS 窗口，在"对象资源管理器"窗口中，打开服务器，然后在"安全性"下面的"登录名"上右击鼠标，在打开的快捷菜单中选择"新建登录名"命令，如图 9-7 所示。

在"登录名"文本框中输入"JiaoWu"，选择"SQL Server 身份验证"选项，输入密码"123456"，在此建议去掉"强制密码过期"选项，默认数据库选择"SchoolDB"，单击"确定"按钮，完成创建 SQL Server 身份验证登录名任务。

使用同样过程，创建教师 Teacher 和学生 Student 登录名。请读者自行完成。

附：使用 T-SQL 创建使用 SQL Server 身份验证的 SQL Server 登录名。

CREATE　LOGIN　JiaoWu　WITH PASSWORD = '123456' ; GO

图 9-7 创建 SQL Server 身份验证登录名

9.2.2 数据库的安全性设置

1. 创建登录名 TestDB 对应的用户名

在 SSMS 中，展开登录名节点，右击登录名 ZLWEI-HP\TestDB，在快捷菜单中选择"属性"命令，出现"登录属性"对话框，如图 9-8 所示。

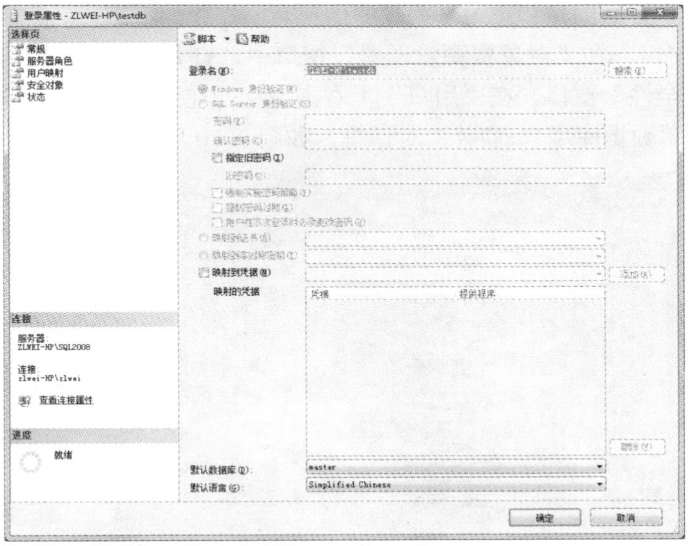

图 9-8 "登录属性"对话框

在"选项页"列表中，选择"用户映射"选项，打开"用户映射"选项卡。单击选择 SchoolDB 数据库前面的复选框。此时，用户列出现 ZLWEI-HP\TestDB 用户，表示该登录账户允许 TestDB 用户访问 SchoolDB 数据库，如图 9-9 所示。

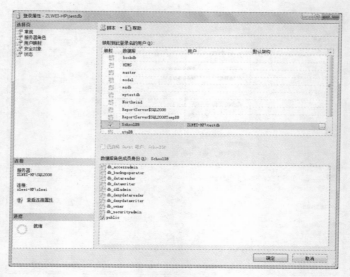

图 9-9　通过映射创建用户

设置完成后，单击"确定"按钮即可创建一个名称为 TestDB 的登录名，同时在 SchoolDB 数据库中自动创建了一个用户 TestDB。

2．创建登录名 JiaoWu 对应的用户名

可以通过映射用户来创建一个与该登录名同名的用户名。上面的用户 TestDB 就是通过这种方法创建的。另外，还可以在数据库中，先创建一个新的用户账户，然后再关联到某一登录名，则该登录名会自动具有对该数据库的访问权限。

下面利用后一个方法创建和登录名关联的用户名，操作如下：

打开 SSMS 窗口，在"对象资源管理器"窗口中，打开服务器，打开 SchoolDB 数据库，然后打开"安全性"窗口。在"用户"上右击鼠标，在弹出的快捷菜单中，选择"新建用户"命令，打开"数据库用户-新建"对话框，如图 9-10 所示。

图 9-10　创建数据库用户

在其"用户名"文本框中输入用户名"JiaoWuYuan"。单击"登录名"文本框右端的按钮，打开"选择登录名"对话框，单击"浏览"按钮，打开"查找对象"对话框，选择 JiaoWu 登录名，如图 9-11 所示。

图 9-11 "查找对象"对话框

单击"确定"按钮，返回到"选择登录名"对话框，如图 9-12 所示。

图 9-12 "选择登录名"对话框

单击"确定"按钮，返回到"数据库用户-新建"对话框。如果此时单击"确定"按钮，即创建了对应 JiaoWu 登录名的用户名。

使用同样方法可以创建 Teacher 和 Student 登录名对应的用户名。请读者自行完成。

附：使用 Transact-SQL 创建数据库用户。

```
Use schooldb
CREATE USER   JiaoWuYuan FOR LOGIN   JiaoWu; GO
```

9.2.3 数据表的安全性设置

登录名具有对某个数据库的访问权限，并不表示该登录名对该数据库具有存取的权限。如果要对数据库中的对象进行插入及更新等操作，还需要设置用户账户的权限。下面将分别对各个用户进行授权。

1．授予 TestDB 用户对数据库 SchoolDB 的两个表所有访问权限

在 SSMS 中，打开 SchoolDB 数据库节点，找到其中安全性节点下的用户 TestDB，右击该用户名，在快捷菜单中选择"属性"命令，如图 9-13 所示。

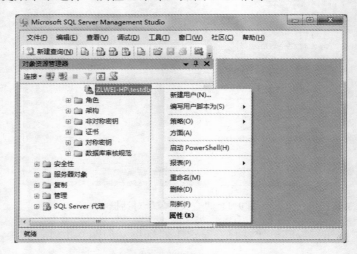

图 9-13　选择用户名的"属性"命令

出现"数据库用户"对话框，如图 9-14 所示。

图 9-14　"数据库用户"对话框

可在"选择页"列表中选择"安全对象"选项，打开"安全对象"选项卡，如图 9-15 所示。

单击"搜索"按钮，打开"添加对象"对话框，如图 9-16 所示。

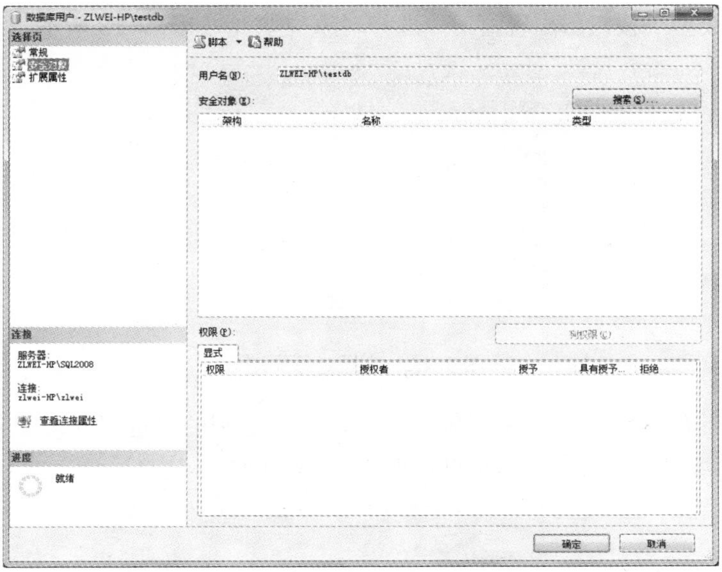

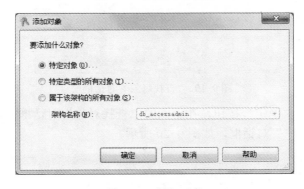

图 9-15　安全对象设置

图 9-16　添加对象

在此对话框中，可以选择特定的对象，例如，表、视图或存储过程等；也可以选择特定类型的所有对象，例如所有表。这里选择特定对象，单击"确定"按钮，出现窗口"选择对象"，如图 9-17 所示。

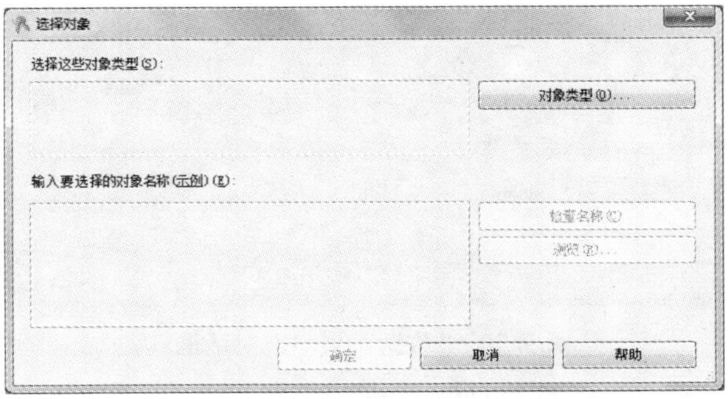

图 9-17　选择对象

单击"对象类型"按钮，出现窗口"选择对象类型"，如图 9-18 所示。

图 9-18　选择对象类型

选择"表"前的复选框，单击"确定"按钮。在返回的"选择对象"对话框中，单击"浏览"按钮，出现"查找对象"对话框，如图 9-19 所示。

图 9-19　"查找对象"对话框

选择两个表，单击"确定"按钮，在返回的"查找对象"对话框中，再单击"确定"按钮，返回到"数据库用户"对话框，如图 9-20 所示。

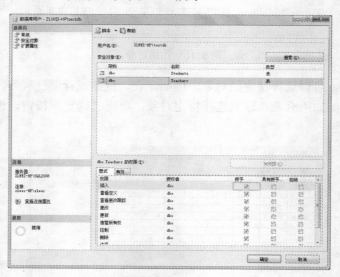

图 9-20　"数据库用户"对话框

在"安全对象"选项卡中选择要设置用户权限的对象，例如 Teachers 表。然后在下面的权限设置栏中设置用户对 Teachers 表的权限，可以将各类"授予"权限选中。同样，再选择

Students，做同样的授权。单击"确定"按钮，即完成该用户的授权任务。

2．给 JiaoWuYuan 授予查询和增删改的权限

操作过程与上面的类似，只是授权时，选择"插入"、"更新"、"删除"和"选择"项授权即可。请读者自行完成。

附：使用 Transact-SQL 为 JiaoWuYuan 授予对 Teachers 表查询和增删改的权限。

```
USE schooldb;
GRANT SELECT,INSERT,UPDATE,DELETE ON Teachers TO JiaoWuYuan;
GRANT SELECT,INSERT,UPDATE,DELETE ON Students TO JiaoWuYuan;
GO
```

3．给 Teacher 和 Student 用户授予各自的权限

操作过程与前面的类似，授权时，可以选择合适的项，请读者思考，自行完成。

提示： sa 是超级管理员账户，允许 SQL Server 的系统管理员登录，此 SQL Server 的管理员不一定是 Windows 的管理员。该登录名不能被删除，可以修改名称。一般不要启用该登录名。

至此，本单元工作任务已经完成。为了更深入了解 SQL Server 安全性的机制以及更方便灵活地进行设置，下一节将对有关问题进行系统讨论。

9.2.4　架构

架构是指包含表、视图、过程等的容器。它位于数据库内部，而数据库位于服务器内部。这些实体就像嵌套框放置在一起。服务器是最外面的框，而架构是最里面的框。在 SQL Server 2008 中一个表的完全限定名称应该为"服务器名.数据库名.架构名.对象名"。我们可以在数据库 schooldb 里创建架构，设置架构所有者为教务员，在架构里放置教务员所使用的各种对象，从而使得管理和访问起来更容易。

```
--创建 jiaowu 架构，所有者为 jiaowuyuan
USE schooldb
GO
CREATE SCHEMA jiaowu AUTHORIZATION jiaowuyuan
GO
```

运行结果如图 9-21 所示。

图 9-21　建立 jiaowu 架构

--将 Students 表从 dbo 架构转移到 jiaowu 架构中
```
USE SchoolDB;
GO
ALTER SCHEMA  jiaowu TRANSFER dbo.students;
GO
```
运行结果如图 9-22 所示。

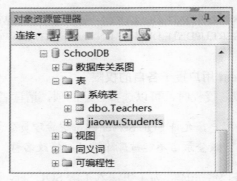

图 9-22   students 表架构的转移

--创建表 NineProngs，将其放到 lx 架构中
```
USE SchoolDB;
GO
    CREATE SCHEMA lx
    CREATE TABLE NineProngs (source int, cost int, partnumber int)
GO
```
运行结果见图 9-23 所示。

图 9-23   创建表 NineProngs，将其放到 lx 架构中

--将 lx.NineProngs 转移到 jiaowu 架构中
```
USE SchoolDB;
GO
ALTER SCHEMA  jiaowu TRANSFER lx.NineProngs
GO
```
运行结果如图 9-24 所示。

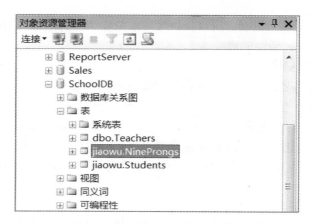

图 9-24　将 lx.NineProngs 转移到 jiaowu 架构中

```
--删除 lx 架构
USE SchoolDB;
GO
DROP SCHEMA lx
GO
```

9.3 知识链接

9.3.1 SQL Server 的安全机制

通过上一节学习，读者了解到一个用户要想访问一个数据表，必须具有登录名、用户名和得到相关操作的授权。实际上，这就是 SQL Server 的 3 个安全等级，即服务器级、数据库级和对象级。另外，由于数据库管理系统 SQL Serve 运行在某一种特定操作系统平台下，所以，势必存在着另一个安全等级：操作系统级。

SQL Server 的安全机制可以划分为 4 个等级：即客户机操作系统的安全性、SQL Server 的登录安全性、数据库的使用安全性和数据库对象的使用安全性。

每个安全等级就好像一道门，如果门没有上锁，或者用户拥有开门的钥匙，则用户可以通过这道门达到下一个安全等级。如果通过了所有的门，则用户就可以实现对数据的访问了。这种关系为：用户通过客户机操作系统的安全性进入客户端，通过 SQL Server 的登录安全性登录 SQL Server 服务器，通过数据库的使用安全性使用数据库，通过数据库对象的使用安全性访问数据对象。

1. 操作系统的安全性

在用户使用客户端通过网络实现对 SQL Server 服务器的访问时，用户首先要获得客户端操作系统的使用权。

一般来说，在能够实现网络互连的前提下，用户没有必要向运行 SQL Server 服务器的主机进行登录，除非 SQL Server 服务器运行在本地计算机上。SQL Server 可以直接访问端口，所以可以实现对 Windows NT 安全体系以外的服务器及其数据库的访问。

操作系统安全性是操作系统管理员或网络管理员的任务。由于 SQL Server 采用了集成

Windows NT 网络安全性的机制，所以使得操作系统安全性的地位得到提高，但同时也加大了管理数据库安全性和灵活性的难度。

2．SQL Server 的安全性

SQL Server 的服务器级安全性建立在控制服务器登录账号和密码的基础上。SQL Server 采用了标准 SQL Server 登录和集成 Windows NT 登录两种方式。无论是使用哪种登录方式，用户在登录时提供的登录账号和密码，决定了用户能否获得 SQL Server 的访问权，以及在获得访问权之后，用户在访问 SQL Server 进程时可以拥有的权利。管理和设计合理的登录方式是 SQL Server DBA 的重要任务。在 SQL Server 安全体系中，DBA 是可以发挥主动性的第一道防线。

3．数据库的使用安全性

在用户通过 SQL Server 服务器的安全性检验以后，将直接面对不同的数据库入口。这是用户将接受的第 3 次安全性检验。

在建立用户的登录账号信息时，SQL Server 会提示用户选择默认的数据库。以后用户每次连接上服务器后，都会自动转到默认的数据库上。对任何用户来说，master 数据库的门总是打开的，如果在设置登录账号时没有指定默认的数据库，则用户的权限将局限在 master 数据库以内。

提示：由于 master 数据库存储了大量的系统信息，对系统的安全和稳定起着至关重要的作用。所以建议用户在建立新的登录账号时，最好不要将默认的数据库设置为 master 数据库。而应该根据用户实际将要进行的工作，将默认的数据库设置在具有实际操作意义的数据库上。

4．数据库对象的安全性

数据库对象的安全性是检查用户权限的最后一个安全等级。在创建数据库对象的时候，SQL Server 将自动把该数据库对象的拥有权赋予给对象的创建者。对象的拥有者可以实现对该对象的完全控制。

默认情况下，只有数据库的拥有者可以在该数据库下进行操作。当一个非数据库拥有者想访问数据库里的对象时，必须事先由数据库的拥有者赋予该用户对指定对象的执行特定操作的权限。一般来说，为了减少管理开销，在对象级安全管理上应该在大多数场合赋予数据库用户以广泛的权限，然后再针对实际情况在某些敏感的数据上实施具体的访问权限限制。

9.3.2 SQL Server 验证模式

Microsoft SQL Server 2008 提供了两种对用户进行身份验证的模式，默认模式是 Windows 身份验证模式，它使用操作系统的身份验证机制对需要访问服务器账户进行身份验证，从而提供了很高的安全级别。另一种方式是 SQL Server 和 Windows 身份验证模式，允许基于 Windows 的和基于 SQL 的身份验证。因此，它又是被称为混合验证模式。

1．SQL Server 的验证模式

Windows 身份验证模式允许使用存储在本地计算机的现有账户，或者，如果该服务器是活动目录域的一个成员，则可以使用 Windows 活动目录数据库中的账户。在 Windows 身份验证模式中，SQL Server 并不存储或需要访问用于身份验证的密码信息。Windows 身份验证提供程序将负责验证用户的真实性。

Windows 验证模式有以下主要优点:

- 数据库管理员的工作可以集中在管理数据库上面,而不是管理用户账户。对用户账户的管理可以交给 Windows 去完成。
- Windows 有着更强的用户账户管理工具。可以设置账户锁定、密码期限等。
- Windows 的组策略支持多个用户同时被授权访问 SQL Server。

2.混合验证模式

混合验证模式允许创建 SQL Server 独有的登录名,这些登录名没有相应的 Windows 或活动目录账户。当使用 SQL Server 登录名时,SQL Server 将用户名和密码信息存储在 master 数据库中,它负责对这些登录名进行身份验证。

混合验证模式具有如下优点:

- 创建了 Windows 之上的另外一个安全层次。
- 支持更大范围的用户,例如非 Windows 客户、Novell 网络等。
- 一个应用程序可以使用单个的 SQL Server 登录和口令。

3.设置身份验证模式

设置 SQL Server 服务器的身份验证模式就是设定允许何种类型的登录名登录该服务器。在第 9.2 节中,创建了 4 个登录名,属于两种类型:Windows 身份验证的登录名(TestDB),以及 SQL Server 身份验证的登录名(JiaoWu,Teacher,Student)。如果当前 SQL Server 服务器的登录模式为 Windows 身份验证模式,则只有 TestDB 登录名可以登录;只有将 SQL Server 服务器登录模式改变为混合身份验证模式,上述 4 个登录名都可以登录到 SQL Server 服务器上了。

下面进行 SQL Server 服务器的身份验证模式的设置。操作步骤如下:

1)打开 SQL Server Management Studio 窗口,在"对象资源管理器"窗口中,选择服务器,然后右击鼠标,在弹出的快捷菜单上选择"属性"命令,然后在打开的"服务器属性"对话框中,选择"安全性"选项,打开"安全性"选项卡,如图 9-25 所示。

图 9-25 设置服务器的身份验证模式

2）在"服务器身份验证"栏中设置验证模式后，单击"确定"按钮，打开提示对话框，提示重新启动 SQL Server，才能使新的设置生效，如图 9-26 所示。

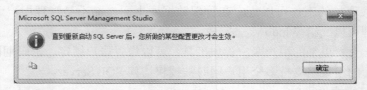

图 9-26　提示窗口

单击"确定"按钮，然后重新启动 SQL Server，以新的验证模式登录服务器。

提示：建议读者将服务器的验证模式设置为"混合身份验证模式"，然后以各个身份登录 SQL Server 服务器。

提示：读者可以采用切换账户的形式，以 TestDB 登录到 Windows 系统，然后再以 Windows 验证身份登录 SQL Server 服务器。

9.3.3　角色

角色是 SQL Server 用来管理数据库或服务器权限的概念。角色的意义好像是一个职务。数据库管理员将操作数据库的权限赋予角色，就像把职权赋予了一个职位。然后，数据库管理员可以将角色再赋给数据库用户或登录名，就像将一个职务交给某一个人。

SQL Server 给用户提供了预定义的服务器角色（固定服务器角色）和数据库角色（固定数据库角色），固定服务器角色和固定数据库角色都是 SQL Server 内置的，不能进行添加、修改或删除操作。用户可根据需要，创建自己的数据库角色，以便对具有同样操作的用户进行统一管理。

1．服务器角色

服务器角色是 SQL Server 用于分配服务器级管理权限的实体。服务器角色是一些系统定义好的操作权限，"角色"类似于 Windows 操作系统中的"组"。服务器角色不能增加或删除，只能对其中的成员进行修改。

如果在 SQL Server 中创建一个登录名后，要赋予该登录者管理服务器的权限，此时可设置该登录名为服务器角色的成员。SQL Server 提供以下固定服务器角色：Sysadmin（系统管理员）、Securityadmin（安全管理员）、Serveradmin（服务器管理员）、Setupadmin（设置管理员）、Processadmin（进程管理员）、Dbcreator（数据库创建者）和 Bulkadmin（可以执行 BULK INSERT 语句，但是这些成员对要插入数据的表必须有 INSERT 权限）。

提示：BULK INSERT 语句的功能是以用户指定的格式复制一个数据文件至数据库表或视图。

只能将一个用户添加为上述某个固定服务器角色，不能自定义服务器角色。

一个登录名可以不属于任何角色，也可以同时属于多个角色。将一个登录名加入一个角色，可以令使用该账号登录的用户自动地具有角色预定义的权限。一般只会指定需要管理服务器的登录者属于服务器角色。

将登录名 TestDB 添加服务器角色成员 Sysadmin 方法参看图 9-3 所示。

2. 数据库角色

固定数据库角色定义在数据库级别上，是在每个数据库中都存在的预定义组，并且有权进行特定数据库的管理及操作。管理员可以将一个用户加入一个或多个数据库角色中。

固定的数据库角色不能被添加、修改或删除，如果有需要，用户可以自己创建数据库角色。有关创建数据库角色的方法，请读者参看有关"联机帮助"学习实践，此处不做讨论。

SQL Server 提供了以下固定数据库角色。

- db_owner：数据库的所有者，可执行数据库的所有管理操作。
- db_accesssdmin：数据库访问权限管理者，具有添加、删除数据库使用者、数据库角色和组的权限。
- db_securityadmin：数据库安全管理员，可管理数据库中的权限，如设置数据库表的增加、删除、修改和查询等存取权限。
- db_ddladmin：数据库 DLL 管理员，可增加、删除或修改数据库中的对象。
- db_backupoperator：数据库备份操作员，具有执行数据库备份的权限。
- db_datareader：数据库数据读取者。
- db_datawriter：数据库数据写入者，具有对表进行增加、删除、修改的权限。
- db_denydatareader：数据库拒绝数据读取者，不能读取数据库中任何表的内容。
- db_denydatawriter：数据库拒绝数据写入者，不能对任何表进行增加、删除、修改操作。
- public：是一个特殊的数据库角色，每个数据库用户都是 public 角色的成员，因此不能将用户、组或角色指派为 public 角色的成员，也不能删除角色的成员。通常将一些公共的权限赋给 public 角色。

在对象资源管理器中，选中数据库的"角色"目录，右窗口中会显示数据库中已经存在的角色，未创建角色之前，数据库中只有固定数据库角色，如图 9-27 所示。

图 9-27　数据库固定角色

9.3.4　数据库用户的权限

在 SQL Server 中，可授予数据库用户的权限分为以下 3 个层次。

1）在当前数据库中创建数据库对象及进行数据库备份的权限，主要有：创建表、视图、存储过程、规则、默认值对象、函数的权限及备份数据库、日志文件的权限。

2）用户对数据库表的操作权限及执行存储过程的权限，主要有如下几种。

- SELECT：对表或视图执行 SELECT 语句的权限。
- INSERT：对表或视图执行 INSERT 语句的权限。
- UPDATE：对表或视图执行 UPDATE 语句的权限。
- DELETE：对表或视图执行 DELETE 语句的权限。
- REFERENCES：用户对表的主键和唯一索引字段生成外键的权限。
- EXECUTE：执行存储过程的权限。

3）用户对数据库中指定表字段的操作权限，主要有如下几种。

- SELECT：对表字段进行查询操作的权限。
- UPDATE：对表字段进行更新操作的权限。

9.3.5　架构

架构是对象的容器。它可以包含表、视图、存储过程和函数等。这些对象都会有一个隶属的位置。以往的数据库管理系统中，这些对象隶属于数据库的用户，但这样设计的结果是当删除数据库用户或用户改名时，要先将这些对象转移到其他用户之后，才可以进行操作。这给数据库管理员带来了许多困扰。

SQL Server 2008 系统将用户改为了架构，这种所有权与架构的分离具有重要的意义：

- 任何用户都可以拥有架构，并且架构所有权可以转移。
- 对象可以在架构之间移动。
- 单个架构可以包含由多个数据库用户拥有的对象。
- 架构只能有一个所有者，但一个用户可以拥有多个架构。
- 多个数据库用户可以共享单个默认架构。
- 每个用户都拥有一个默认架构。可以设置和更改默认架构。如果未定义默认架构，则数据库用户将使用 DBO 作为默认架构。

9.4　小结

SQL Server 的安全机制可以划分为 4 个等级：即客户机操作系统的安全性、SQL Server 的登录安全性、数据库的使用安全性和数据库对象的使用安全性。

Microsoft SQL Server 2008 提供了两种对用户进行身份验证的模式，默认模式是 Windows 身份验证模式。另一种方式是 SQL Server 和 Windows 身份验证模式，允许基于 Windows 的和基于 SQL 的身份验证。

登录用户和数据库用户管理：登录用户是服务器安全性的一种管理机制，数据库用户是登录用户在特定数据库中的映射。

角色管理：角色是 SQL Server 用来管理数据库或服务器权限的概念。SQL Server 给用户提供了预定义的服务器角色（固定服务器角色）和数据库角色（固定数据库角色），用户可根据需要，创建自己的数据库角色，以便对具有同样操作的用户进行统一管理。

权限管理：在 SQL Server 中，可授予数据库用户的权限分为 3 个层次：在当前数据库中创建数据库对象及进行数据库备份的权限，用户对数据库表的操作权限及执行存储过程的权限，用户对数据库中指定表字段的操作权限。

架构：在 SQL Server 2008 中，架构行为已更改。架构不再等效于数据库用户；架构是对象的容器。它可以包含表、视图、存储过程和函数等。通过架构引用对象，使得程序在删除数据库用户时，先将对象的归属转移到其他逻辑架构中，避免了删除相应架构中的对象。

9.5 习题

一、简答题

1. SQL Server 2008 的安全机制可以分为哪几个等级？
2. SQL Server 2008 提供了哪两种对用户进行身份验证的模式？
3. 什么是架构？

二、操作题

1. 修改服务器验证模式。
2. 创建服务器的登录名。

在 SchoolDB 数据库中创建一个登录名 Inputer，默认登录数据库为 SchoolDB。

3. 建立数据库用户。

映射一个数据库 SchoolDB 用户 Inputer。

4. 对表中数据操作进行授权。

在创建 Inputer 登录账户后，同时创建了一个 SchoolDB 数据库的 Inputer 用户，对该用户设置 SECLECT、INSERT 和 UPDATE 权限。

5. 创建架构 students，将架构与 SchoolDB 用户 Inputer 关联，再将 students 表转移到 students 架构中。

任务 10　数据库的备份和恢复

10.1　任务的提出

10.1.1　任务背景

"教务管理系统"中的每一个操作都将修改后台服务器中数据库的数据。例如，当插入一名学生信息时，在"学生表"中就生成了一条记录。当修改记录时，数据表的字段值就会发生变化。这种数据的变化是随时发生的，如果操作频繁，数据更改操作也相应频繁进行。

由于各种原因，存放数据的服务器有可能会发生故障，其中的数据有可能会丢失。所以，数据库管理员应该对数据库的数据进行备份（即复制数据）。以便在故障发生后，尽可能完整恢复故障前一时刻的数据库中的数据。这是数据库管理员的重要任务之一。

10.1.2　任务描述

本任务分为备份和恢复两项工作。根据单位的业务性质，备份工作分为手动和自动两种方式。一般来说，只在数据损坏的情况下，才进行数据恢复工作。

1．数据备份

● 当一个单位偶尔进行数量较少数据变更时，比较适于采用手动对数据库进行完整备份，即在 SSMS 中进行数据完整备份。

● 当一个单位的业务量较多且很频繁，建议使用自动备份方式。并且，对数据库分不同周期进行完整备份、差异备份和事务日志备份。

2．数据恢复

● 根据数据损坏的情况下，进行数据还原工作。

10.2　任务的实施

10.2.1　手动进行完整数据库备份

数据完整备份（简称完整备份）是指将数据库中的数据和对象完整复制到一个安全的介质中。该介质可以是磁盘或磁带。为了更好地管理这些介质上的备份数据，一般情况下，在备份之前，先创建一个备份设备，用于保存备份的数据。

提示：建议不要将数据库或者事务日志备份到数据库所在的同一物理磁盘上的文件中。如果包含数据库的磁盘设备发生故障，由于备份位于同一发生故障的磁盘上，因此无法恢复数据库。

1．使用 SSMS 创建备份设备

使用 SSMS 创建备份设备的操作步骤如下：

1）打开 SSMS 窗口，展开"服务器对象"节点，右击"备份设备"文件夹，如图 10-1
所示。

图 10-1　在服务器对象中创建备份设备

2）在快捷菜单中，选择"新建备份设备"命令，打开"备份设备"对话框，如图 10-2
所示。

提示：可以先在某个磁盘中建立一个文件夹，例如，f:\databak。然后，再在图 10-2 中
"设备名称"和"文件"后面的文本框中输入图示的内容。

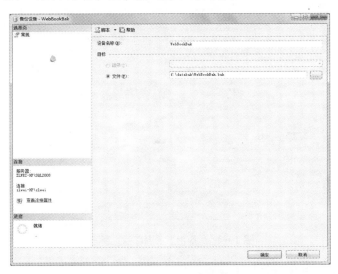

图 10-2　备份设备设置窗口

3）单击"创建"按钮，即创建了一个备份设备 f:\databak\WebBookBak.bak 文件，如图 10-3 所示。

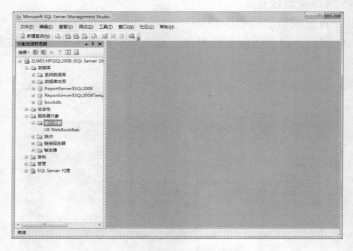

图 10-3　创建后的备份设备

2．使用 SSMS 进行完整备份

下面备份 bookdb 数据库，操作步骤如下：

提示：可在网上教材学习资料下载 bookdb 数据库，也可自行建立一个同名数据库，以便进行下面的备份和恢复操作。

1）在 SSMS"对象资源管理器"中，单击打开"数据库"节点，右击 bookdb，在快捷菜单中选择"任务"→"备份"命令，打开"备份数据库"对话框，如图 10-4 所示。

图 10-4　"备份数据库"对话框

对"源"区域中的各项进行如下设置：
● 在"数据库"下拉列表框中，已选择 bookdb 数据库。

- 在"备份类型"下拉列表框中，选择备份类型，这里选择"完整"选项。
- 在"备份组件"单选项中，选择 "数据库"单选框，表示备份数据库。
- 对"备份集"区域中各项进行如下设置：在"名称"文本框中，输入备份的名称；在"说明"文本框中，可以输入对该备份的说明；在"备份集过期时间"区域中，设置备份集的过期时间。

在"目标"区域中，单击"添加"按钮，打开"选择备份目标"对话框，如图 10-5 所示。在此对话框中选择"备份设备"单选框，在下拉列表中选择前面创建的备份设备 WebBookBak。

图 10-5 "选择备份目标"对话框

2）单击"确定"按钮，返回到"备份数据库"对话框。

提示： 在该窗口中可以看到，"备份到"项下的列表框中出现供选择的备份设备。建议从列表框中删除其他的备份设备或备份文件。

3）在"选择页"中，单击"选项"，可打开"选项"选项卡，如图 10-6 所示。在此选项卡中，按图设置备份时的一些选项。

图 10-6 备份的选项设置

4）设置完成后，单击"确定"按钮，即可开始备份。备份完成后，会弹出一提示对话框，如图 10-7 所示。

图 10-7　备份完成对话框

至此，已将用户数据库完整备份完毕。另外，系统数据库也应定期进行备份，尤其是 master 和 msdb 数据库。

提示：使用上面的方法同样可以进行差异备份和事务日志备份。

10.2.2　自动进行完整备份+差异备份+事务日志备份

一般情况下，教务管理系统业务是白天的业务数量大且数据变更频繁，午夜后业务较少。根据这种业务特点，计划采用每天 0:00 时进行一次完整备份，每隔一个小时进行一次差异备份，每隔 15 分钟进行一次事务日志备份。

下面，利用 SQL Server 2008 自带的维护计划创建一个计划对数据库进行备份，以实现数据库的定时自动备份。操作如下：

1）在 SSMS 对象资源管理器中，右击"SQL Server 代理"，选择快捷菜单中的"启动"，启动 SQL Server 服务。

提示：只有启动了 SQL Server 服务才能自动执行下面要介绍的维护计划中的作业。

2）在 SSMS 的对象资源管理器中，单击"管理"节点，右击其中的"维护计划"，选择"维护计划向导"，系统将弹出向导窗口，如图 10-8 所示。

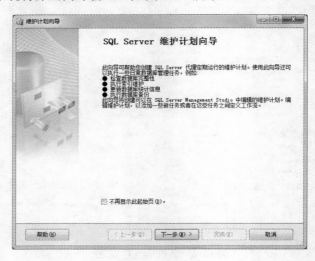

图 10-8　维护计划向导

3）单击"下一步"按钮，进入"选择计划属性"对话框，输入计划的名称；由于本计划包括 3 部分：完整备份、差异备份和日志备份，这 3 部分的执行计划周期和时刻不同，所以要选择"每项任务单独计划"选项，如图 10-9 所示。

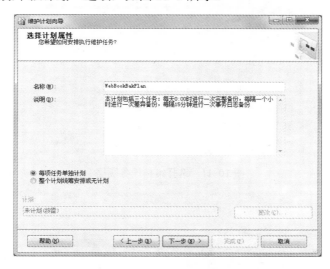

图 10-9　计划属性设置窗口

4）单击"下一步"按钮，进入"选择维护任务"，在此选择要执行的任务，如图 10-10 所示。

图 10-10　选择维护任务

5）单击"下一步"进入"选择维护任务顺序"的界面，这里每项任务单独计划，所以不用调整顺序了，如图 10-11 所示。

6）选中"备份数据库（完整）"，然后单击"下一步"按钮，出现"定义'备份数据库（完整）'任务"对话框，如图 10-12 所示。

单击"数据库"右边的下拉列表，选择要备份的数据库，如图 10-13 所示。

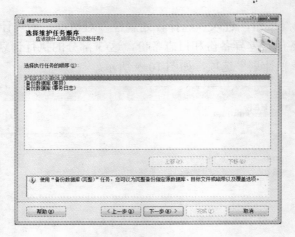

图 10-11 选择维护任务顺序

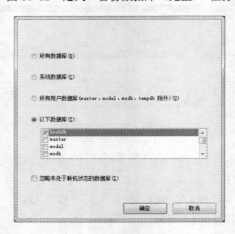

图 10-12 定义"备份数据库(完整)"任务

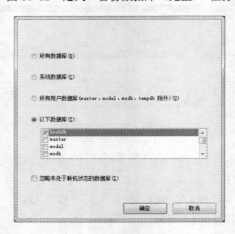

图 10-13 选择要备份的数据库

单击"确定"按钮，返回到主窗口。单击"跨一个或多个文件备份数据库"选项，单击"添加"按钮，选择备份设备，如图10-14所示。

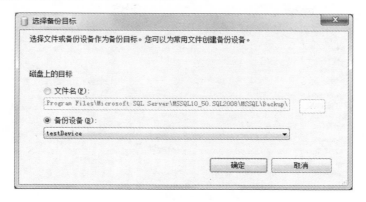

图 10-14　选择一个备份设备

提示：如果没有备份设备可选，可以创建一个备份设备，方法见第 10.2.1 节。

单击"确定"按钮，返回主窗口，向下滚动窗口右边的滚动条，如图10-15所示。

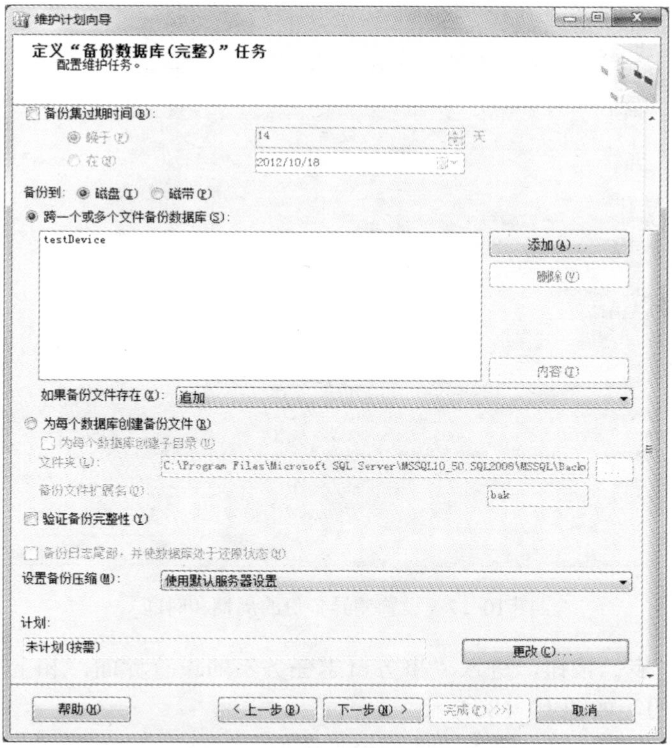

图 10-15　选择备份设备后的窗口

单击"更改"按钮，设置完整备份的执行为每天 0 点执行一次，如图 10-16 所示。

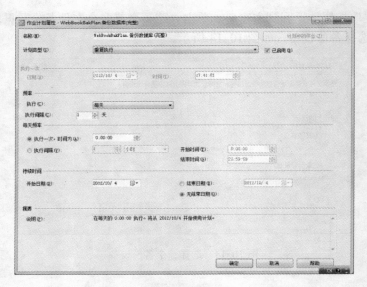

图 10-16　设置完整备份的周期和时间

7）单击"下一步"按钮，进入"差异备份任务"的设置界面，和上一步的界面是一样的，操作也是一样的，如图 10-17 所示。

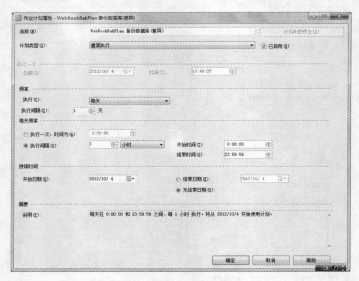

图 10-17　设置差异备份的周期和时间

8）单击"下一步"按钮，进入"事务日志任务"的设置界面，和上一步的界面是一样的，操作也是一样的，如图 10-18 所示。

9）单击"下一步"按钮，进入"选择报告选项"对话框，如图 10-19 所示。这里可以将这个维护计划的执行报告写入文本文件中，也可以将报告通过电子邮件发送给管理员。如果要发送邮件的话，那么需要配置 SQL Server 的数据库邮件，并且要设置 SQL Server 代理中的操作员。关于邮件通知操作员的配置，可参考联机帮助。

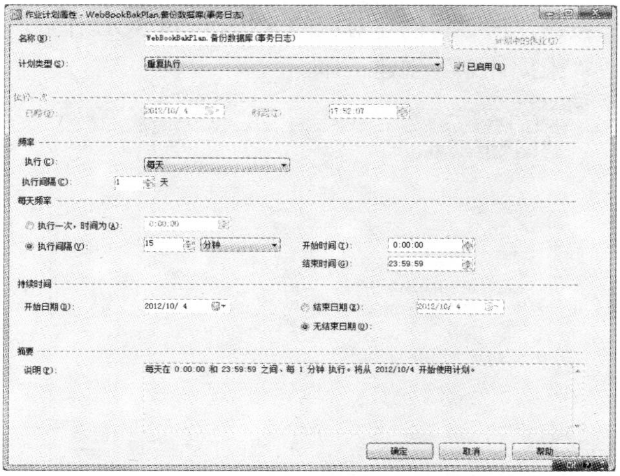

图 10-18　设置事务日志备份的周期和时间

图 10-19　"选择报告选项"对话框

10）单击"下一步"按钮，进入"完成该向导"对话框，其中列出了向导要完成的工作，如图 10-20 所示。

图 10-20　"完成该向导"对话框

11）单击"完成"按钮，向导将创建对应的 SSIS 包和 SQL 作业，如图 10-21 所示。单击"关闭"按钮，完成"维护计划"创建工作。

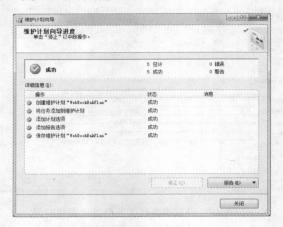

图 10-21　系统创建报告

12）在 SSMS 中，刷新下对象资源管理器，可以看到对应的维护计划和该计划对应的作业，如图 10-22 所示。

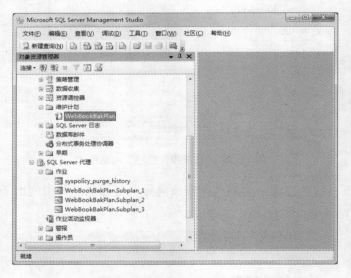

图 10-22　创建维护计划后，查看相关的计划和作业

提示：维护计划是创建完成后，可以在"作业"节点下，右击 WebBookBakPlan. Subplan_1，选择"作业开始步骤"，系统便立即执行该作业。系统运行完成后，便可在 f:\databak 文件夹下面出现刚执行过的完整备份的备份文件和相关的报告文件。

提示：在制订该维护计划前一定要做个完整备份，而且该备份至少要保留到一天以上，不然到时候出了问题，发现只有这几个工作日的差异备份和事务日志备份，而上一次的完整备份已被删除。

10.2.3　数据恢复

上面两小节介绍了数据库备份的各种方法，不论是完整备份，还是差异备份和事务日志备份，目的都是要在数据库中数据发生损坏后，能够及时准确地恢复原来的数据，即数据恢复或还原。

本小节仅就"完整备份+差异备份+事务日志备份"后，进行数据恢复的方法做一介绍。对于其他方式的备份后，数据恢复的方法可参照执行，在此不再赘述。

现假设由于各种原因，数据库中的数据发生损坏。例如，数据管理员的误操作，将数据库 bookdb 删除了；或者由于数据表数据页所在的磁道损坏而无法使用。为了模拟数据损坏或丢失，在此，建议读者删除 bookdb 数据库中的数据。

下面进行数据恢复，操作步骤如下：

1）在 SSMS 的对象资源管理器中，右击"数据库"，在快捷菜单中选择"还原数据库"，出现"还原数据库"窗口，在"目标数据库"下拉列表中选择 bookdb，如图 10-23 所示。

图 10-23　确定要还原数据库名称

2）单击"目标时间点"后的按钮，出现"时点还原"对话框，如图 10-24 所示。其中可以设置还原数据库状态到某一时刻。在此，选择"最近状态"，单击"确定"按钮。

图 10-24　"时点还原"对话框

3）在"还原的源"区域中，选择"源设备"单选按钮，然后单击其右侧的按钮，打开"指定备份"对话框，在"备份介质"下拉类别选择"备份设备"，单击"添加"按钮，选择备份设备，如图 10-25 所示。单击"确定"按钮，返回主窗口。

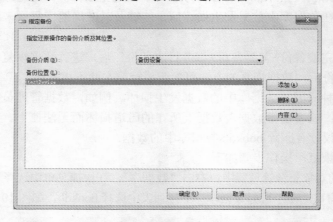

图 10-25 "指定备份"对话框

4）在"选择用于还原的备份集"中，选择的完整备份、最近一次的差异备份和该差异备份后的所有所有事务日志备份作为本次还原的备份集，如图 10-26 所示。

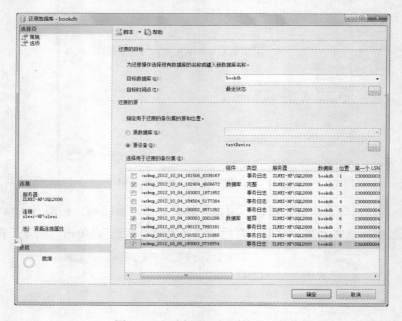

图 10-26 选择用于还原的备份集

5）在窗口右上"选择页"列表中，选择"选项"选项，打开"选项"选项卡，可以对还原的选项进行设置。如图 10-27 所示。

6）设置完成后，单击"确定"按钮即可开始还原数据库。

7）完成后，系统会弹出提示框，提示还原已经成功，如图 10-28 所示。

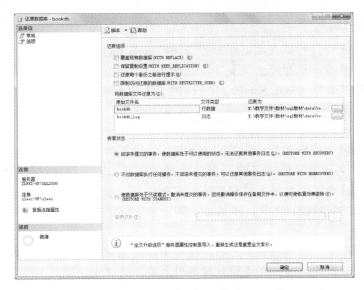

图 10-27　设置选项页的内容

图 10-28　还原成功完成

10.3　知识链接

前面，读者已经学习了如何在 SSMS 中进行数据库备份的操作，本节将就其中涉及的基本概念、基本方法和基本策略进一步说明。

10.3.1　备份的定义和作用

"备份"是制作数据库中数据的副本，以便在数据库遭到破坏时能够修复数据库。造成数据库中数据损坏或丢失的原因是多种多样的，软硬件系统瘫痪、人为误操作、存储数据的磁盘被破坏、地震、火灾、战争、盗窃等灾难都会引起数据库数据的损坏。如果在此之前，进行了适当的备份，就可以恢复数据，使损失降到最小甚至没有损失。另外，数据库备份对数据库例行的管理工作（例如，将数据库从一台服务器复制到另一台服务器、设置数据库镜像和文件归档等）也很有用。

数据库备份不是简单的数据文件的复制。只有拥有一定权限的数据库管理人员，合法登录进入系统，才能对数据库数据进行备份。网络中数据库服务器应尽量不要人为中断。数据备份过程中，用户可以继续访问数据库。数据库的分离和附加操作与数据库的备份和恢复有着本质区别。

10.3.2　备份的类型

由于数据库的备份过程是在数据库服务器联机状态下进行的，而数据库备份过程势必会增加服务器的运行负载，从而降低了服务器处理其他事务的效率。为了更好地降低和平衡服务器的负载，提供其效率，SQL Server 2008 提供了 3 种不同的备份类型：完整数据备份、差异备份和事务日志备份。

1．完整数据备份（简称完整备份）

完整备份是指包含数据文件、相关的事务日志、数据库结构和文件结构的备份。完整备份是差异备份和事物日志备份的基础，也是数据恢复的起点，即先进行一个完整备份的恢复，在此基础上选择合适的差异备份和事务日志备份。一般来说，完整备份过程数据复制量大、占有服务器的时间较长。因此，不易过于频繁地进行完整备份。

2．差异备份

差异备份是在指上一次完整备份之后，所有更改的数据部分进行的备份。差异备份仅包含基准备份之后更改的数据区。在还原差异备份之前，必须先还原其基准备份。相对来说，差异备份较完整备份数据复制量小，占有服务器的时间较短。

3．事务日志备份

事务日志备份是指备份包括了在前一个日志备份中没有备份的所有日志记录。一次事务日志备份后，事务日志文件将删除刚备份完的事务日志，开始记录未完成的事务和新的事务。因此，新的事务日志中没有已备份的日志内容。这一点请读者务必记住。日志主要记录的是对数据库数据修改的 T-SQL 语句。一般来说，事务日志备份备份速度快，备份时间短。

10.3.3　恢复模式

根据事务日志记录的内容类型和管理方式不同，所有的数据库都可以设置为 3 个不同的恢复模式：完全（full），简单（simple）和大容量日志（Bulk-Logged）。打开一个数据库的属性页，就可以设置该数据库的恢复模式。如图 10-29 所示。

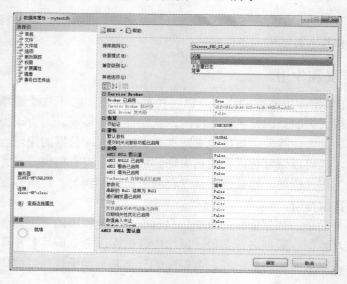

图 10-29　在数据库属性的选项页中设置恢复模式

1．完全恢复模式

完全恢复模式是默认的恢复模式。在完全恢复模式下，需要手工对事务日志进行管理。使用完全恢复模式的优点是可以恢复到数据库失败或者指定的时间点上；缺点则是如果没有进行管理的话，事务日志将会快速增长，消耗磁盘空间。所以，在这种恢复模式下，一般都配有份事务日志备份，从而可以截断已提交的事务日志。

完全恢复模式可以最大限度地防止出现故障时的数据丢失，它允许进行数据备份和事务日志备份。在此模式下，使用数据备份和事务日志备份恢复数据库，如果事务日志没有损坏，则 SQL Server 可以恢复原数据库的所有数据。当然，失败那一时刻的事务正在处理的数据有待分析。

例如，教务管理系统业务是随时发生的，数据修改是非常频繁的，因此，相关数据库最好使用完全恢复模式。

2．简单恢复模式

在简单恢复模式下，当前已被提交的事务日志将会被清除。因此，在简单恢复模式下，无法进行事务日志备份，容易造成数据丢失，因为无法将数据库恢复到失败的那一刻。

这种恢复模式主要用于小型数据库或不经常更改的数据库。一般，这样的数据库不进行日志备份。

3．大容量日志恢复模式

数据库大容量日志恢复模式与完全恢复模式非常相似，与完全恢复模式不同的是，批量操作时将会尽量被最少记录在日志文件中。

当进行批量导入数据操作（BULK INSERT）或索引操作将产生批量操作。在完全恢复模式下，上述操作产生的日志将会是非常大的。而使用大容量日志恢复模式将会阻止不需要或者非预期的日志增长。在批量操作发生时，SQL Server 仅仅记录了相关数据页（data page）的 ID，这样可以降低的日志文件大小。

但使用大容量恢复模式时，会使得恢复变得比较困难，一般来说，只能恢复到最后的事务日志备份点上，但如果所有的事务日志都被备份后，还是可以恢复成功的。

提示：一般建议数据库采用完全恢复模式，当需要执行大容量日志记录操作时，才切换到大容量日志恢复模式。当操作结束后，再切换到完整恢复模式。

10.3.4 使用 T–SQL 进行备份

下面使用 SQL 语句对已测试数据库进行完整备份、差异备份和事务日志备份。使用 SQL 语句进行备份是一个数据库管理员必须掌握的能力。在此，暂时不详细介绍备份语句的语法结构。在后面的知识扩展中将做一些说明。为了使备份过程更加简明，创建一个测试数据库 mytestdb，在其中创建一个数据表，插入一些数据。随着数据的增加、删除和修改，进行相应的备份。

操作步骤如下：

1）创建一个测试数据库。

```
--创建测试数据库
```

```
USE master
CREATE DATABASE mytestdb
```

2）将数据库的恢复模式修改为"完整"恢复模式。

```
--修改数据库的恢复模式
ALTER DATABASE mytestdb SET RECOVERY FULL
```

3）创建一个备份设备。

```
--创建备份设备
SP_ADDUMPDEVICE 'DISK','MYDEVICE','e:\sqlbackup\mydevice.bak'
--查看设备信息
SP_HELPDEVICE mydevice
```

4）创建一个数据表。

```
--创建一新表
USE mytestdb
CREATE TABLE students(scode int,sname nvarchar(20),saddress nvarchar(100),sgrade int)
--插入一条记录
INSERT INTO STUDENTS values (1111,'张三','北京',1)
--查看数据表中的内容
SELECT *    FROM students
```

如图 10-30 所示。

	scode	sname	saddre...	sgrade
1	1111	张三	北京	1

图 10-30　查看数据表

5）进行第 1 次完整备份。

使用下列语句进行第 1 次完整备份，数据表中包含一条记录。备份完成后如图 13-11 所示。

```
--完整备份一（数据表中有一条记录）
BACKUP DATABASE mytestdb TO mydevice WITH NAME='完整备份一'
```

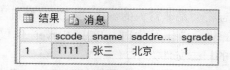

```
消息
已为数据库 'mytestdb'，文件 'mytestdb' (位于文件 1 上)处理了 184 页。
已为数据库 'mytestdb'，文件 'mytestdb_log' (位于文件 1 上)处理了 6 页。
BACKUP DATABASE 成功处理了 190 页，花费 0.279 秒(5.297 MB/秒)。
```

图 10-31　第 1 次完整备份

6）进行第 2 次完整备份。

再向数据表中插入一条记录，之后进行第 2 次备份。这时数据表中有两条记录。

```
--插入一条记录 、完整备份二（数据表中有 2 条记录）
INSERT INTO students VALUES (2222,'李四','天津',2)
```

BACKUP DATABASE mytestdb TO mydevice WITH NAME='完整备份二'

7）进行第 1 次差异备份。

再向数据表中插入一条记录，进行第 1 次差异备份。本次差异备份记录了第 2 次完整备份后的数据变化情况，即增加了一条记录。

--插入一条记录、差异备份一（数据表中有 3 条记录）
INSERT INTO students VALUES (3333,'王五','上海',3)
BACKUP DATABASE mytestdb TO mydevice WITH NAME='差异备份一',DIFFERENTIAL
SELECT *   FROM students

执行语句后，显示数据表中的记录情况，如图 10-32 所示。

图 10-32　第 1 次差异备份

8）进行第 2 次差异备份。

再向数据表中插入两条记录，进行第 2 次差异备份。本次差异备份记录了第 2 次完整备份后的数据变化情况，即又增加了 3 条记录。

提示：请读者注意本次差异备份记录了第 2 次完整备份后的数据变化，而不是记录了第一次差异备份后的记录变化。

--插入两条数据，差异备份二（数据表中有 5 条记录）
INSERT INTO students VALUES (4444,'赵六','广州',4)
INSERT INTO students VALUES (5555,'刘七','重庆',5)
BACKUP DATABASE mytestdb TO mydevice WITH NAME='差异备份二',DIFFERENTIAL
SELECT *   FROM students

执行语句后，显示数据表中的记录情况，如图 10-33 所示。

9）进行第 1 次事务日志备份。

插入一条记录后，进行第 1 次事务日志备份。

--插入一条数据，事务日志备份一（数据表中有 6 条记录）
INSERT INTO students VALUES (6666,'孙八','济南',6)
BACKUP LOG mytestdb TO mydevice WITH   NAME='事务日志备份一'

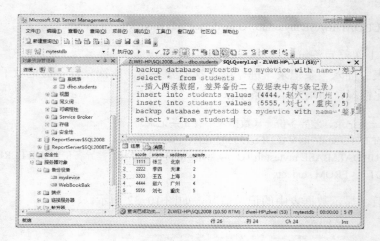

图 10-33　第 2 次差异备份

10）进行第 2 次事务日志备份。

再向数据表中插入两条记录后，进行第 2 次事务日志备份。

```
--插入两条数据，事务日志备份二（数据表中有 8 条记录）
INSERT INTO students VALUES (7777,'钱九','沈阳',7)
INSERT INTO students VALUES (8888,'周十','合肥',8)
BACKUP LOG mytestdb TO mydevice WITH    NAME='事务日志备份二'
SELECT *    FROM students
```

备份后显示数据表中的数据，如图 10-34 所示。

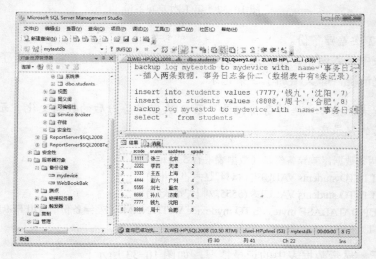

图 10-34　第 2 次事务日志备份

至此，完成完整备份、差异备份和事务日志备份。

现在查看一下备份设备中的备份信息。选择 SSMS 中的"服务器对象"→"备份设备"，右击 mydevice，在快捷菜单中选择"属性"，打开"备份设备"窗口，单击"介质内容"，如图 10-35 所示。其中显示了 mydevice 中包含的 6 次备份名称和相关信息。

图 10-35　6 次备份名称和相关信息

10.4　小结

"备份"是制作数据库中数据的副本，以便在数据库遭到破坏时能够修复数据库。为了更好地降低和平衡服务器的负载，提供其效率，SQL Server 2008 提供了以下 3 种不同的备份类型。

- 完整数据备份：是指包含数据文件、相关的事务日志、数据库结构和文件结构的备份。完整备份是差异备份和事物日志备份的基础。
- 差异备份：是在指上一次完整备份之后，所有更改的数据部分进行的备份。
- 事务日志备份：是指包括了在前一个日志备份中没有备份的所有日志记录。

根据事务日志记录的内容类型和管理方式不同，所有的数据库都可以设置为以下 3 个不同的恢复模式。

- 完全（Full）：它允许进行数据备份和事务日志备份。如果事务日志没有损坏，则 SQL Server 可以恢复原数据库的所有数据。
- 简单（Simple）：无法进行事务日志备份，容易造成数据丢失，因为无法将数据库恢复到失败的那一刻。
- 大容量日志（Bulk-Logged）：与完全恢复模式非常相似，但与完全恢复模式不同的是，批量操作时将会尽量被最少记录在日志文件中。使用大容量恢复模式时，会使得恢复变得比较困难。

10.5　习题

一、简答题

1．什么是备份？备份有哪 3 种类型？它们有何异同？

2．数据库的恢复模式有哪 3 种？分别在什么情况下适用？

二、操作题

假设在星期一进行完整备份，其他时间每天进行 6 次事务日志备份（上午 8 时，上午 10 时，中午 12 时，中午 2 时，下午 4 时，下午 6 时），每晚进行差异备份。如果数据库在某天崩溃，如何恢复数据库更好、更快、更简单？查看安装 SQL Server 2008 软硬件需求。

任务 11　数据之间的转换和设计输出报表

11.1　任务的提出

11.1.1　任务背景

使用 SQL Server 保存和处理数据只是众多数据管理的方式之一。目前，在信息处理领域有许多可选择的方式，例如，Execl、Access、Oracle 和 MySQL 等数据管理软件都可以用来存储和处理数据。不同的单位或公司可能采用不同的软件管理数据，它们是否可以将不同类型的数据相互共享？答案是肯定的。本任务就是解决如何使得不同类型的数据相互转换，以达到数据共享的目的。

一些单位或公司的负责人可能对 SQL Server 不了解，如果他们想了解单位或公司的业绩，最好的方式是由数据库管理人员为他们打印一份精心设计的报表。SQL Server 2008 附有打印报表的功能。本任务也将对此做一些介绍。

11.1.2　任务描述

某医药公司销售药品和医疗器械，其下属药店销售数据多以 Excel 文件存储。公司每月需汇总数据到公司的 SQL Server 2008 中，进行数据分析，并打印报表，提交业务部门。

为此，公司数据管理人员需做如下工作：

- 收集各个药店的销售数据。
- 将不同类型的数据转换成 SQL Server 形式。
- 对数据进行处理。
- 将数据导出成容易打印的形式：Txt 或 Excel 形式。
- 将数据打印出来或提交电子文档。

下面，将介绍公司数据管理人员进行数据转换的过程。

11.2　任务的实施

11.2.1　将 Excel 数据导入 SQL Server

首先将收集来的 Excel 文件放置在磁盘的某个位置，例如，d:\data\rpt1.xls。通过 SQL Server Management Studio，将其导入到 SQL Server 2008 数据库中。操作步骤如下：

1）打开 SQL Server Management Studio 窗口，打开"数据库"节点。

2）在要转换的数据库上右击鼠标，例如，gsxsk 数据库（可自行建一数据库 gsxsk）。在打开的快捷菜单上选择"任务"→"导入数据"命令，打开"SQL Server 导入和导出向导"对话框。

3）单击"下一步"按钮，向导提示选择数据源，如图 11-1 所示。在"数据源"下拉列表框中选择 Microsoft Excel，表示将 Excel 数据导入到 SQL Server 中。然后在"Excel 连接设置"栏中，设置 Excel 文件的保存路径和 Excel 的版本。

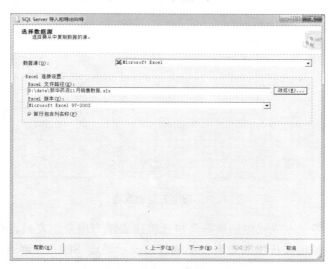

图 11-1　选择数据源

4）单击"下一步"按钮，向导提示选择目标数据源，如图 11-2 所示。在"目标"下拉列表中选择数据源类型，在"服务器"列表框中选择服务器，并设置验证模式。在"数据库"下拉列表框中选择数据库。

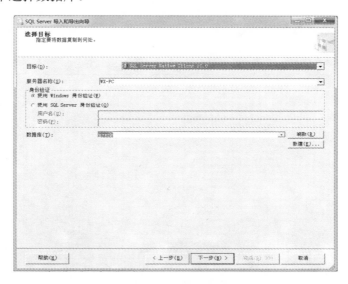

图 11-2　选择目标

5）单击"下一步"按钮，向导提示用户指定表复制或者查询复制，如图 11-3 所示。其中两个单选按钮的含义如下：

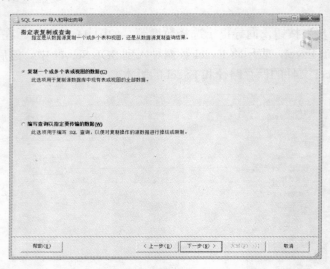

图 11-3　指定表复制或查询

- "复制一个或多个表或视图的数据"单选按钮表示直接复制表或者视图的数据。
- "编写查询以指定要传输的数据"单选按钮表示通过 SQL 查询语句来获取要传输的
  数据。例如，可以通过 SELECT 查询语句来获取传输的数据。

6）选择"复制一个或多个表或视图的数据"单选按钮，然后单击"下一步"按钮，向
导提示"选择源表和源视图"，如图 11-4 所示。可以选择多个表或者视图，本例中选择
sheet1$表。可以修改目标中的表名，在此修改为"新华 11"。可以单击"预览"按钮来预览
要导入的数据集合。

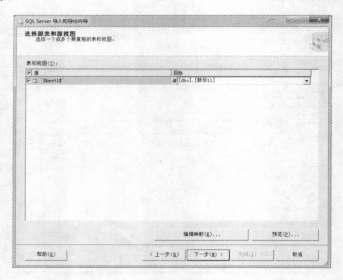

图 11-4　选择源表或者源视图

7）单击"下一步"按钮，向导提示用户是否保存包，如图 11-5 所示。

8）选择"立即执行"复选框，单击"下一步"按钮，出现"完成该向导"对话框，如图 11-6 所示。在其中的列表框中显示了导入数据的源数据和目的数据，以及有关导出的设置信息。如果不正确，可单击"上一步"按钮进行修改。

图 11-5　保存并执行包　　　　　　　　　图 11-6　完成 SQL Server 导入/导出向导

9）单击"完成"按钮，开始转换和传输数据，并显示转换进度，完成后如图 11-7 所示。如全部成功，单击"关闭"按钮即可完成数据的传输。

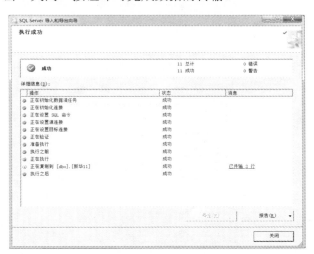

图 11-7　数据导入完成界面

11.2.2　将 SQL Server 数据导出为 TXT 文件

将 SQL Server 数据库表导出为文本文件（.txt）类型，方法和导入过程类似，只要正确地选择的数据源引擎即可完成相应的工作。操作如下：

1）打开 SQL Server Management Studio 窗口，打开"数据库"节点。

2）在要转换的数据库上右击鼠标，例如，gsxsk 数据库。在打开的快捷菜单上选择"任务"→"导出数据"命令，打开"SQL Server 导入和导出向导"对话框。

3）单击"下一步"按钮，向导提示选择数据源，如图 11-8 所示。在"数据源"下拉列表中选择数据源类型为 SQL Server Native Client 10.0，在"服务器"列表框中选择服务器，并设置验证模式。在"数据库"下拉列表框中选择数据库 gsxsk。

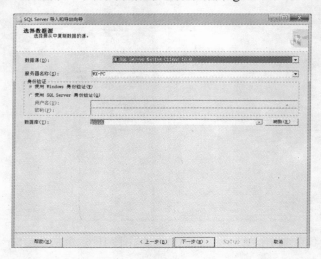

图 11-8　选择数据源

4）单击"下一步"按钮，向导提示选择目标数据源，如图 11-9 所示。在"目标"下拉列表中选择数据源类型"平面文件目标"，在"文件名"文本框中写入要保存的文件路径和文件名。

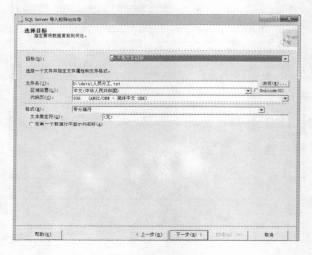

图 11-9　选择目标

5）单击"下一步"按钮，向导提示用户指定表复制或者查询复制。

6）选择"复制一个或多个表或视图的数据"单选按钮，然后单击"下一步"按钮，向导提示"配置平面文件目标"，如图 14-10 所示。可以选择一个表，本例选择"销售人员"表。可以单击"预览"按钮来预览要导出的数据集合，也可单击"编辑映射"改变表的输出列。

7）单击"下一步"按钮，向导提示用户是否保存包，如图 11-11 所示。

8）选择"立即执行"复选框，单击"下一步"按钮，出现"完成该向导"对话框，如图 11-11 所示。在其中的列表框中显示了导出数据的源数据和目的数据，以及有关导出的设置信息。如果不正确，可单击"上一步"按钮进行修改。

图 11-10　配置平面文件目标　　　　图 11-11　完成 SQL Server 导入/导出向导

9）单击"完成"按钮，开始转换和传输数据，并显示转换进度，完成后如图 11-12 所示。如全部成功，单击"关闭"按钮即可完成数据的传输。

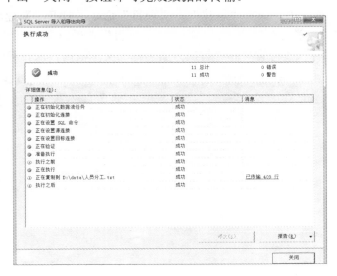

图 11-12　数据导入完成界面

11.2.3　设计输出报表

对一些常用的固定格式的报表可以通过 SQL Server 2008 自带的报表设计器进行设计，保存起来以备今后使用。在安装 SQL Server 2008 时，系统默认安装了简版的 Microsoft Visual Studio 2008，其中就有报表设计器。下面使用报表设计器创建一个报表。

1. 创建报表服务器项目

在创建和设计报表以前，首先要创建报表服务器项目。操作步骤如下：

1）在"开始"菜单中，依次选择"所有程序"→Microsoft SQL Server 2008→Business Intelligence Development Studio 选项，打开 Microsoft Visual Studio 开发环境，如图 11-13 所示。

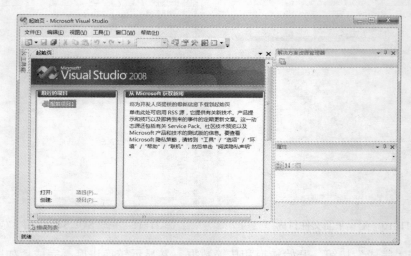

图 11-13　Microsoft Visual Studio 开发环境

2）在"文件"菜单中，选择"新建"→"项目"命令，打开"新建项目"对话框，如图 11-14 所示。在项目类型列表中选择"商业智能项目"选项，在列表中选择"报表服务器项目"选项。在"名称"、"位置"和"解决方案名称"文本框内输入相应的内容。

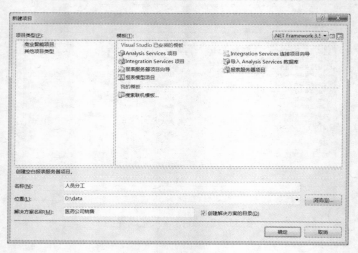

图 11-14　"新建项目"对话框

3）设置完成后，单击"确定"按钮，生成一个空白的报表服务器项目。

4）在"解决方案资源管理器"窗口中的"报表"上右击鼠标，在弹出的菜单中选择"添加"→"新建项"命令，如图 11-15 所示。

图 11-15　选择"新建项"命令

5）打开"添加新项"对话框，在"模板"列表框中选择"报表"选项，如图 11-16 所示。在"名称"文本框中输入报表的名称。

图 11-16　选择"报表"选项

6）单击"添加"按钮，即可打开"报表设计器"窗口，如图 11-17 所示。其中包含两个选项卡：布局和预览，分别用于设计报表的显示布局和预览报表。

图 11-17　报表设计器

2．设置报表的数据源

创建报表项目后，需要进行数据源的设置，才能获取报表的内容。设置数据连接的操作步骤如下：

1）在报表设计器的"解决方案管理器"中，右击"共享数据源"，选择"添加新数据源"，出现"共享数据源属性"对话框，如图 11-18 所示。在"共享数据源属性"对话框中，在"名称"文本框中输入数据源的名称；在"类型"下拉列表中选择 Microsoft SQL Server。

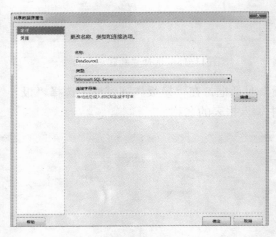

图 11-18　新建共享数据源

2）单击"编辑"按钮，打开"连接属性"对话框，如图 11-19 所示。在该对话框中，进行如下设置：

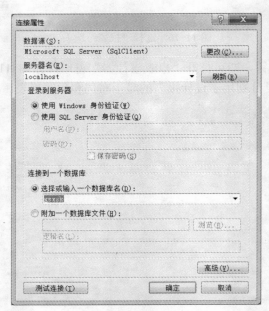

图 11-19　连接属性

184

● "服务器名"下拉列表框：输入服务器的名称。如果是本地服务器，则可以输入localhost。

提示：输入 localhost 后，可以单击一下测试连接按钮，如出现"测试连接成功"的提示，即表示服务器名称正确。

● "登录到服务器"选项区域：设置验证模式。如果选择"使用 SQL Server 身份验证"单选按钮，则还需要输入用户名和密码。
● "选择或输入一个数据库名"下拉列表框：选择需要连接的数据库名称。这里选择gxxsk 数据库。

3）单击"确定"按钮，返回到"共享数据源属性"对话框。此时，在"连接字符串"文本框中会出现如下字符串：

Data Source=localhost;Initial Catalog=gsxsk

其中，**Data Source** 指定服务器名称；**Initial Catalog** 指定要连接的数据库。

4）单击"确定"按钮，返回到"报表设计器"窗口。

5）在"报表设计器"窗口右边"解决方案资源管理器"窗格中，右击"共享数据集"，选择"添加新数据集"，出现"共享数据集属性"对话框，如图 11-20 所示。

图 11-20　共享数据集属性

6）单击"查询设计器"按钮，出现"查询设计器"窗口，该窗口与本书查询章节的窗口界面和操作类似，在此不再赘述操作步骤。操作结果如图 11-21 所示。

提示：在此使用查询设计器建立数据集，当然可以使用 select 语句或使用存储过程得到数据集。

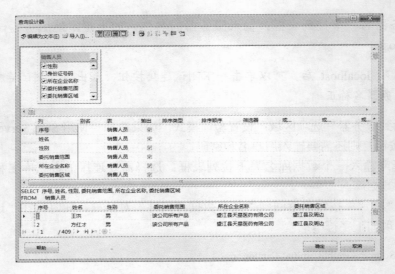

图 11-21　在查询设计器中确定数据集

7）单击"确定"按钮返回"共享数据集属性"对话框，再单击"确定"按钮返回到"报表设计器"窗口。

8）在"报表设计器"窗口左边的"报表数据"窗格中，右击"数据集"，选择"添加数据集"，出现"数据库属性"对话框，如图 11-22 所示。单击"DataSet1"，再单击"确定"按钮，返回到"报表设计器"窗口。

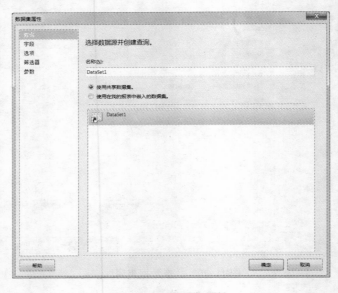

图 11-22　数据集属性

3．设计报表布局

数据设置完成后，需要进行报表布局设计。操作步骤如下：

1）打开"设计"选项卡，将 "工具箱"中的"表"工具拖到报表设计工作界面，在报表布局中添加一个表，如图 11-23 所示。

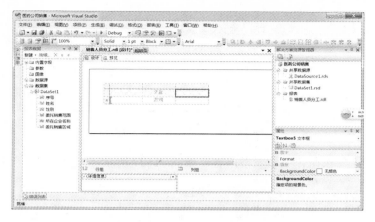

图 11-23　在报表设计工作界面中添加一个表格

2）右击表格上方的灰色区域，选择"插入列"→"右框线"，插入 3 列表格，如图 11-24 所示。

图 11-24　插入 3 列表格

3）将数据集中的各个字段拖到相应的表格里，系统为每个字段添了字段名，如图 11-25 所示。

| 序号 | 姓名 | 性别 | 委托销售范围 | 所在企业名称 | 委托销售区域 |
| 序号] | [姓名] | [性别] | [委托销售范围] | [所在企业名称] | [委托销售区域] |

图 11-25　在表格中添加字段

4）将工具箱中的"文本框"工具拖到设计器中，输入表格标题"销售人员分工"，如图 11-26 所示。

图 11-26　在表格中添加标题

5）单击"预览"按钮，显示表格内容，如图 11-27 所示。

图 11-27　预览表格

6）要输出报表，可以单击"导出"按钮，打开一个下拉列表，如图 11-28 所示。选择相应的命令即可。例如选择"Word"命令，在打开的对话框中设置输出文件的名称，单击"保存"即可。

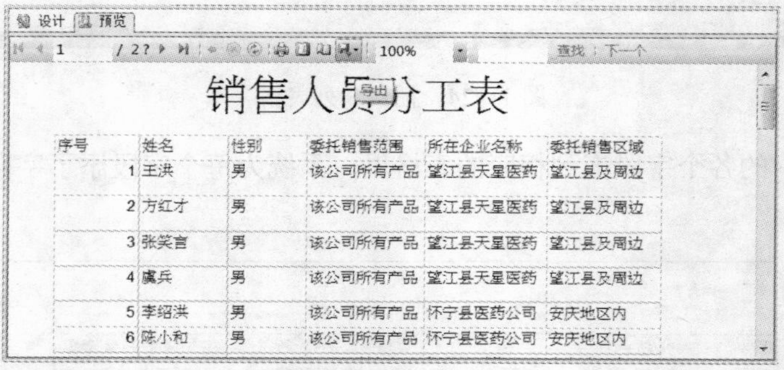

图 11-28　导出表格显示的内容

11.3　知识链接

11.3.1　数据转换时需要考虑的问题

在不同的数据源之间进行数据转换时，需要考虑以下问题。

1）有些数据格式发生变化。例如，逻辑型数据在不同的数据库系统中存储的形式不一样，有的存储为 0 和 1，有的存储为 False 和 True，即数据类型由数值转换为逻辑型了。

2）数据的约束发生变化。例如，有的数据类型中没有主键约束，使得以前的唯一性约束消失了。

3）数据的一致性发生变化。当从一种数据源导入数据时，应确保目标数据和源数据保持一致，这就是数据洗涤。数据不一致的原因有很多种，例如，数据是一致的，但格式和表现形式不一致。

4）验证数据的有效性。对数据进行有效性验证，可以检验输入数据的正确性和精确度。例如，将顾客信息转换到目标数据之前，先验证顾客 ID 是否存在。

11.3.2 常用数据转换工具

SQL Server 为数据转换提供了多种工具，其中常用的如表 14-1 所示。

表 14-1　数据转换工具

工　具	方　法
T–SQL 语句	SELECT INTO,INSERT SELECT
分离和附加	从一个服务器分离后可以附加到另一个服务器
备份和还原	BACKUP 和 RESTORE
导入和导出	使用向导导入和导出同类型或不同类型的数据

用户可根据需要选择不同的方法进行数据转换。

11.4　小结

数据导入导出是指数据从一个数据环境传输到另外一个数据环境。数据环境包括不同的数据库系统、电子表格和文本文件等。

数据的导入是指从 SQL Server 的外部数据源检索数据，并将其插入到 SQL Server 的表中，如从电子表格检索数据插入到 SQL Server 表中。数据的导出是指将 SQL Server 中的数据导出为指定格式，如将 SQL Server 表中数据传送到文本文件中。

在 SQL Server 中可以使用导入导出向导进行数据的导入和导出。

对一些常用的固定格式的报表可以通过 SQL Server 2008 自带的报表设计器进行设计，保存起来以备今后使用。

11.5　习题

1. 将 SQL Server 表中数据导出到 Access 文件中。
2. 将 Excel 文件中一个表导入 SQL Server 的数据库中。
3. 将 SQL Server 表中数据以报表形式输出。

参 考 文 献

[1] 王亚楠，张志平. SQL Server 2000 数据库技术及应用[M]. 天津：天津科学技术出版社，2008.

[2] 文东，赵俊兰. 数据库系统开发基础与项目实训——基于 SQL Server 2005[M]. 北京：中国人民大学出版社，北京科海电子出版社，2009.

[3] 潘永惠. 数据库系统设计与项目实践——基于 SQL Server 2008[M]. 北京：科学出版社，2011.

[4] 刘志成. SQL Server 2005 实例教程[M]. 北京：电子工业出版社，2009.

[5] 周奇. SQL Server 2005 数据库基础与应用技术教程与实训[M]. 北京：北京大学出版社，2008.